Messen in der Elektrotechnik

FSC
www.fsc.org
MIX
Papier aus ver-
antwortungsvollen
Quellen
Paper from
responsible sources
FSC® C105338

Messen in der Elektrotechnik

Walter Lang

Ich danke meiner Frau Christine für Liebe, Kraft und Geduld.
Ich danke allen Mitarbeitern des IMSAS, insbesondere Frau Martina Hübner, Frau Sarah Wendelken und Herrn Daniel Gräbner für Korrekturlesen und Hilfe beim Layout

Bibliografische Information der Deutschen Nationalbibliothek: Die Deutsche Nationalbibliothek verzeichnet diese Publikation in der Deutschen Nationalbibliografie; detaillierte bibliografische Daten sind im Internet über dnb.dnb.de abrufbar.

Herstellung und Verlag: BoD – Books on Demand, Norderstedt

ISBN 9783751954198

Inhalt

Denkfragen

1. Grundlagen

Warum befassen wir uns mit Messtechnik? Jeder weiß, wie man ein Voltmeter anschließt. Grundsätzlich ja, aber es gibt einige Fragen, die man sich stellen sollte, wenn man elektrische Messungen macht.

- Was ist die zu Grunde liegende Aufgabe? Will ich einen Fehler finden, oder will ich eine Schaltung optimieren, oder will ich einen wissenschaftlichen Nachweis führen?
- Wenn ich das weiß, dann kann ich überlegen, was ich für diese Aufgabe genau messen muss. Wie genau? Mit welcher Bandbreite?
- Jetzt kann ich mir überlegen, ob mein Messverfahren und mein Messgerät diese Anforderungen erfüllen.

Was sind die Ziele dieses Buches? Wenn Sie das Buch durchgearbeitet haben dann sollten Sie zu Folgendem in der Lage sein:

- Analysieren, was Sie wirklich messen wollen.
- Eine Messapparatur zu planen, ein Messprogramm zu entwerfen und durchzuführen
- Eine vorhandene Messapparatur zu bewerten: Kann ich hier messen, was ich messen möchte?
- Messungen zu bewerten: Eine These wird Ihnen vorgelegt und mit Messungen bewiesen. Ist dieser Beweis stichhaltig?

Der Text ist mit Absicht kurzgehalten und behandelt nur die Kernthemen. Weiterführende Themen, Anwendungen, Beispiele und Vertiefungen betrachten wir in den Denkfragen am Ende jeden Kapitels. Diese Fragen sind keine Rechenübungen, sondern Überlegungen zu Problemen der Messtechnik. Am meisten Nutzen werden Sie aus dem Buch ziehen, wenn Sie sich wirklich die Zeit nehmen, jede Frage erst zu durchdenken, bevor Sie die Antwort lesen.

1.1. Kennlinien

Messverfahren werden durch Kennlinien beschrieben, bei denen die elektrische Ausgangsgröße gegen die Eingangsgröße aufgetragen wird. Nehmen wir als Beispiel ein Widerstandsthermometer. Der elektrische Widerstand R ist eine Funktion der Temperatur T. Dies nennt man den thermoresistiven Effekt.

$$R = R_0(1 + \alpha\Delta T + \beta\Delta T^2 + ...) \tag{1.1}$$

Ein Widerstandthermometer berechnet die Temperatur aus dem Widerstandswert eines geeichten Messwiderstands. Häufig verwendet werden: Pt100 (Platin, 100 Ohm bei 0 °C) und Ni1000 (Nickel 1000 Ohm bei 0 °C).

Die Koeffizienten sind (bezogen auf 0 °C)[1]:
Ni1000: $\alpha = +0{,}00543/°C$, $\beta = +7{,}85 \cdot 10^{-6}/°C^2$
Pt100: $\alpha = +0{,}00391/°C$, $\beta = -0{,}58 \cdot 10^{-6}/°C^2$

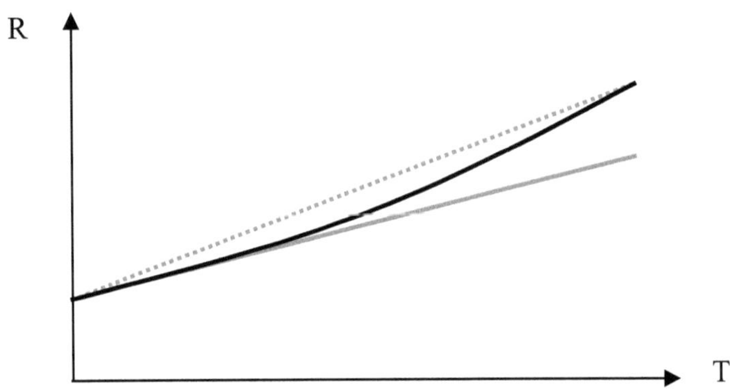

Bild 1.1: Kennlinie eines Widerstandsthermometers
———— Realer Wert (nichtlinear)
——— Linearisierung durch Vernachlässigen höherer Terme (β=0)
·········· Linearisierung „End point straight line "

---

[1] Joachim Frühauf: Werkstoffe der Mikrotechnik. Fachbuchverlag Leipzig (2005) ISBN 3-446-22557-9

1.2. Standardabweichung und Normalverteilung

Stellen wir uns vor, wir stellen Messwiderstände her. Wir müssen unseren Kunden sagen, wie genau unsere Widerstände sind. Wie stellen wir das fest? Als erstes würden wir aus unserer Produktion Widerstände herausnehmen, die wir mit einem guten Messgerät messen. Die Ergebnisse kann man in Bild 1.2 in einem Histogramm darstellen.

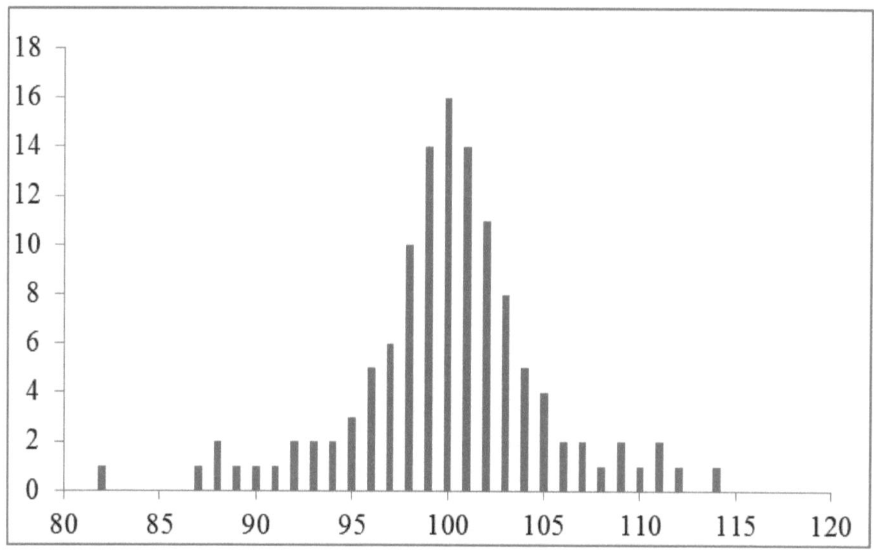

Bild 1.2.: Darstellung der Messwerte als Histogramm: Anzahl gegen den Widerstandswert [Ω] in Säulen von 1 Ω Breite.

Um diese Verteilung zu beschreiben, brauchen wir offenbar zwei Kennzahlen: den Mittelwert und eine Kennzahl für die Breite der Verteilung.

1. Mittelwert: $$\bar{x} = \frac{1}{N} \sum_{i=1}^{N} x_i \tag{1.2}$$

2. Varianz und Standardabweichung:

$$\sigma^2 = \frac{1}{N-1} \sum_{i=1}^{N} (x_i - \bar{x})^2 \tag{1.3}$$

σ^2:   Varianz

σ: Standardabweichung, mittlere quadratische Abweichung oder mittlerer quadratischer Fehler

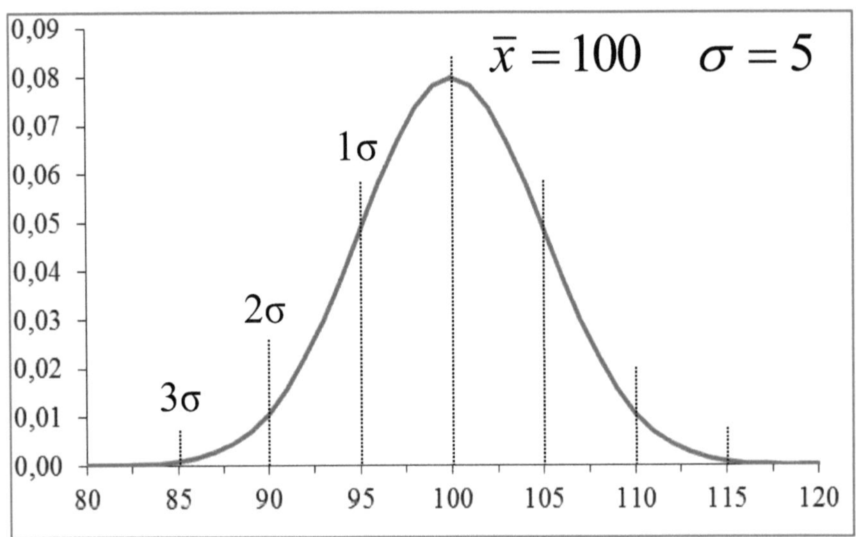

Bild 1.3: Normalverteilung;
Im Bereich +/-1σ liegen 68% der Werte
Im Bereich +/-2σ liegen 95% der Werte
Im Bereich +/-3σ liegen 99,7% der Werte

Bei einer großen Anzahl von Werten ist der Übergang der Summe zur Funktion sinnvoll.

Viele Verteilungen folgen der Normalverteilung

$$f(x) = \frac{1}{\sigma\sqrt{2\pi}}\, e^{\frac{-(x-\bar{x})^2}{2\sigma^2}} \tag{1.4}$$

Die Funktion f(x) gibt die Wahrscheinlichkeit an, mit der eine Messung in einem Bereich um den Wert x liegt. Man nennt f(x) Wahrscheinlichkeitsdichtefunktion. Oft spricht man auch einfach von Häufigkeit. Der Vorfaktor kommt aus der Normierung auf ein Integral von 1. Das bedeutet: jede Messung muss irgendeinen Wert auf der x-Achse haben, also ist die Gesamtwahrscheinlichkeit gleich 1. Große Varianz entspricht einer breiten Verteilung. Die Normalverteilung ist kein Naturgesetz. Ein Beispiel für eine Verteilung, die ihr nicht folgt, ist die asymmetrische Verteilung für Materialbruch (Weibullverteilung).

Eine wichtige Konsequenz ist, dass man bei der Angabe eines Zahlenwerts nur die Stellen angeben sollte, die man sinnvoll kennen kann.

Sie finden in einer Arbeit folgende Angabe:
Die Spannung wurde 30-mal gemessen.

Der Mittelwert ist $\overline{U} = 5{,}8396\ V$

Die Standardabweichung ist $\sigma_U = 11{,}15\ mV$

Zusammengefasst U = 5,8396 +/- 0,01115 V

Das ist Unsinn. Bei einer Standardabweichung von 11mV können wir über die dritte und vierte Nachkommastelle keine sinnvolle Aussage machen. Also besser:
U = 5,84 +/- 0,01 V.

Was bedeutet eigentlich die Schreibweise U = 5,84 +/- 0,01 V? Man kann damit meinen, dass die Standardabweichung $\sigma=0{,}01$ V ist. Das muss aber nicht sein. Es kann auch ein Maximalfehler oder die dreifache Standardabweichung gemeint sein. Wenn es darauf ankommt, z.B. in wissenschaftlichen Veröffentlichungen, dann sollte man es spezifizieren: U = 5,84 V, $\sigma_U = 0{,}01$ V.

Zurück zum Beispiel der Firma, die Widerstände herstellt. Der Kunde will 100 Ω +/- 1 Ω, und er meint damit maximale Abweichung. Wenn wir mit $\sigma = 1\ \Omega$

produzieren, fallen 32% aus der Spezifikation; bei $3\sigma = 1\ \Omega$ immer noch 0,3%. Für manche Anwendungen ist das akzeptabel, für andere nicht. Dann gibt es zwei Möglichkeiten:

1. Wir produzieren mit $6\sigma = 1\ \Omega$, also $\sigma = 0,17\ \Omega$. Dann fallen nach der Normalverteilung 99,9999998% in die Spezifikation, das sind $1\text{-}2\cdot10^{-9}$. Wir haben also weniger als einen Fehler pro Million Teile. Diese 6σ-Methode ist im Qualitätswesen sehr verbreitet, besonders in der Automobilindustrie.

2. Alle Widerstände werden automatisch vermessen und sortiert.

Statistische und systematische Fehler
Sie messen die Temperatur mit Pt100 Sensoren. Bei vielen Messungen ergibt sich eine statistische Streuung, die ungefähr einer Normalverteilung entspricht (z.B. jedes Pt100 hat eine geringfügig andere Kennlinie). Das sind die statistischen Fehler. Es gibt aber auch Fehler, die in der Messanordnung begründet sind und bei allen Messungen in gleicher Form auftreten. Dies sind systematische Fehler. Sie sind gefährlich, weil man sie nicht aus der Streuung ablesen, sondern nur durch eine Analyse des Messverfahrens erkennen kann. Beim Pt100 wären das z.B.:
- Leitungswiderstände und Kontaktwiderstände.
- Selbstheizung des Sensors durch die Joulesche Wärme des Messstroms.
- Mangelnder thermischer Kontakt zwischen Sensor und Messobjekt.

Eine alternative Beschreibung ist die Einteilung nach der GUM-Norm (GUM = Guide to the Expression of Uncertainty in Measurement):
Fehler Typ A: Aus Statistik zu erkennen
Fehler Typ B: Aus anderen Mitteln zu erkennen, z.B. aus Wissen über die Messapparatur.

1.3 Fehlerfortpflanzung:

Wenn wir Messketten oder Herstellungsprozesse betrachten, dann wollen wir die
Fehler abschätzen, die im Gesamtprozess auftreten werden. Wir kennen die Fehler der
Einzelprozesse.

Als Beispiel betrachten wir in Bild 1.4 die Joulesche Wärme, die an einem Widerstand
R abfällt, wenn die Spannung U anliegt. Wir kennen die Mittelwerte und die
Standardabweichungen für U und R. Wir suchen Mittelwert und Standardabweichung
für die Leistung $L = U^2/R$.

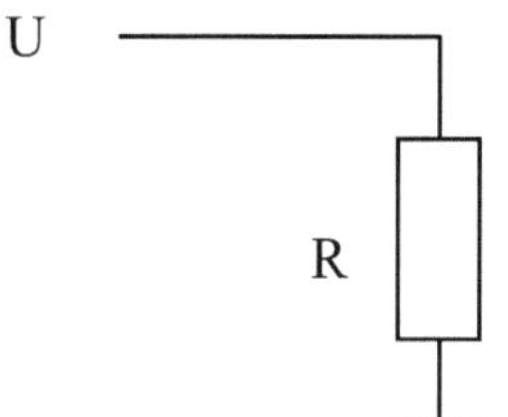

Bild 1.4:
Wir kennen die Streuungen der Spannungsquelle
und des Widerstands.

Wie stark streut die Joulesche Leistung?

Allgemein geschrieben:

$$y = f(x_1, x_2, ...)$$

Bekannt: $\bar{x}_1 ; \sigma_1 ; \quad \bar{x}_2 ; \sigma_2 ;...$ (1.5)

Gesucht: $\bar{y} ; \sigma_y$

Der Gesamtfehler ergibt sich aus einer gewichteten Addition[2]. Addiert werden die
Varianzen der Einzelfehler σ_i^2. Die Gewichte ergeben sich aus dem Einfluss, den die
jeweilige x_i Größe auf die Gesamtfunktion y hat. Diesen Einfluss ermitteln wir durch
Ableitung von y nach x_i.

---

[2] Die Ableitung der Formel findet sich z.B. bei E. Schrüfer: Elektrische
Messtechnik, Hanser Verlag

$$\sigma_y = \sqrt{\sum_{i=1}^{n}\left(\frac{\partial f}{\partial x_i}\right)^2 \sigma_i^2} \qquad\qquad (1.6)$$

σ_y: Standardabweichung des Gesamtsystems
σ_i: Standardabweichung der Komponente i
f: Funktionszusammenhang, der das Zusammenwirken der Komponenten beschreibt.

Zurück zum Beispiel in Bild 1.4: Welche Leistung fällt am Widerstand ab und wie stark streut sie?

$\overline{U} = 10\,V; \quad \sigma_U = 1V$

$\overline{R} = 100\,\Omega; \quad \sigma_R = 10\,\Omega$

$$\overline{L} = \frac{\overline{U}^2}{\overline{R}} = \frac{(10\,V)^2}{100\,\Omega} = 1\,W$$

$$\sigma_L^2 = (\frac{\partial L}{\partial R})^2 \sigma_R^2 + (\frac{\partial L}{\partial U})^2 \sigma_U^2 = (-\frac{U^2}{R^2})^2 \sigma_R^2 + (\frac{2U}{R})^2 \sigma_U^2 = \qquad (1.7)$$

$$= \frac{U^4}{R^4}\sigma_R^2 + 4\frac{U^2}{R^2}\sigma_U^2 = 0,01\,W^2 + 0,04\,W^2$$

$$\sigma_L = 0,22\,W$$

Man erkennt an diesem Beispiel:
- Die Streuung von U geht wesentlich stärker ein als die Streuung von R, da die Spannung in die Joulesche Wärme quadratisch eingeht.
- Ob eine Größe im Zähler steht oder im Nenner (wie hier der Widerstand), das ist egal.

Eine „lineare Fehlerfortpflanzung" nach der Methode „3-mal 10% ist 30%" hätte mit 0,3 W einen geringfügig größeren Wert ergeben. Dieser lineare Ansatz stimmt bei Maximalfehlern. Bei statistischen Fehlern ist die Gesamtstreuung etwas kleiner, weil sich Einzelstreuungen auch gegenseitig ausgleichen können, z.B. wenn Spannung und Widerstand bei einer Einzelmessung beide nach oben streuen.

1.4. Nichtlinearität von Kennlinien

Auch hier ist das Widerstandsthermometer unser Beispiel:

$$R = R_0 (1 + \alpha\Delta T + \beta\Delta T^2 + ...)$$

Wie wir in Bild 1.1 gesehen haben, ist der Einfluss des quadratischen Terms nahe beim Aufpunkt ($\Delta T=0$) sehr klein, steigt aber an, wenn der Messwert weit vom Aufpunkt entfernt ist. Das bedeutet: bei kleinem Messbereich kann man ohne großen Fehler linearisieren, bei großem Messbereich nicht. Betrachten wir dazu noch einmal die Kennlinie in Bild 1.1. Tabelle 1.1 gibt Werte an den Punkten 0 °C, 50 °C, und 100 °C. Eine einfache Vernachlässigung des quadratischen Terms führt bei 50°C zu einem Fehler von 17,5 Ω, bei 100 °C schon von 90 Ω. Das Verfahren „End point straight line" zieht eine Linie vom Anfangs- und Endwert. Für den 100°C Messbereich liegt dann die größte Abweichung in der Mitte und beträgt 27,5 Ω.

Tabelle 1.1: Werte zur Kennlinie in Bild 1.1 für Ni			
	0°C	50°C	100°C
Realer Wert	1000 Ω	1291,5 Ω	1616,0 Ω
Linearisiert durch β=0	1000 Ω	1275,0 Ω	1550,0 Ω
Abweichung	0 Ω	16,5 Ω	66,0 Ω
Linearisiert durch „End point straight line "	1000 Ω	1308,0 Ω	1616,0 Ω
Abweichung	0 Ω	16,5 Ω	0 Ω

Bei periodischen Vorgängen erzeugt die Nichtlinearität Oberschwingungen, weil beim Quadrieren einer Sinusfunktion die doppelte Frequenz entsteht:

$$\sin^2 \omega = \frac{1}{2}(1 - \cos 2\omega) \tag{1.8}$$

Eine nichtlineare Übertragung verändert die Kurvenform, dies führt bei einer Fourierentwicklung zu einer Veränderung der Obertonreihe.

Die Abweichung von der Sinusform kann man durch den Klirrfaktor KF kennzeichnen. Er gibt an, welchen Anteil die Oberschwingungen am Gesamtsignal haben. Wir betrachten ein periodisches Signal mit der Grundfrequenz f_0 und den

Oberfrequenzen f_1, f_2, f_3 usw. Der Effektivwert ist U. Durch Fourierentwicklung bestimmen wir die Amplituden (Effektivwerte) der Grundschwingung U_1 und der Oberschwingungen U_2, U_3... Der Klirrfaktor ist definiert als

$$KF = \sqrt{\frac{U_2^2 + U_3^2 + U_4^2 + ...}{U_1^2 + U_2^2 + U_3^2 + U_4^2 + ...}} = \sqrt{\frac{U^2 - U_1^2}{U^2}} \qquad (1.9)$$

Wenn ein Verstärker aus einem Sinus am Eingang einen Sinus am Ausgang macht (natürlich mit anderer Amplitude), dann ist $U_1 = U$ und der Klirrfaktor ist $KF = 0$. Wenn der Verstärker den Sinus verformt, gibt es in der Fourierentwicklung Obertöne und es wird $KF > 0$. Bei Audioverstärkern wird das vom Hörer als „Klirren" beschrieben.

1.5. Zeitverhalten von Messgeräten

Physikalische Vorgänge im Sensor und in der Elektronik benötigen eine gewisse Zeit, z.B. wenn eine Kapazität geladen wird oder wenn Wärme fließt.

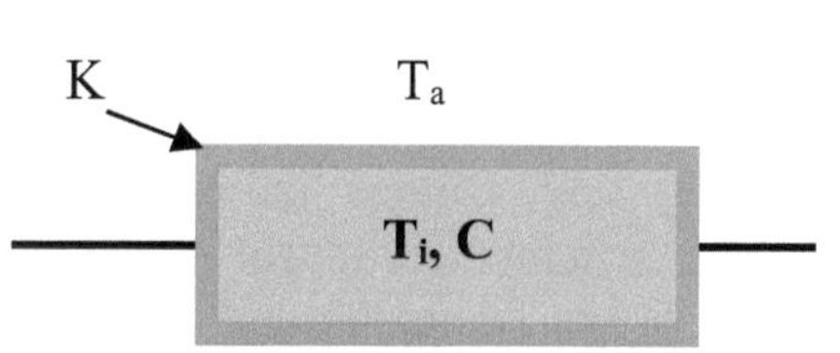

Bild 1.5:
Zum Zeitverhalten eines Sensors.
Momentane Innentemperatur = T_i
Außentemperatur = T_a
Wärmekapazität des Sensors = C
Wärmeleitung durch die Isolation = K.
Wie lange dauert es, bis T_i und T_a übereinstimmen?

Der Temperatursensor in Bild 1.5 besteht aus einem Sensorkörper (z.B. einem Platinwiderstand), der zur elektrischen Isolation mit Kunststoff ummantelt ist. Leider ist dieser Kunststoff auch eine thermische Isolation, beschrieben durch den thermischen Leitwert K.

Der Wärmestrom ist $\dot{Q} = K(T_a - T_i)$

Es gilt die Konvention, dass positiver Wärmestrom in das System hinein fließt.
Die Temperaturänderung ist

$$\dot{T}_i = \frac{\dot{Q}}{C} = \frac{K}{C}(T_a - T_i)$$

$$T_i + \frac{C}{K}\dot{T}_i = T_a \tag{1.10}$$

Dies ist eine Differentialgleichung 1. Ordnung.
Betrachten wir die Antwort auf eine Sprungfunktion, z.B. wenn wir den Sensor schnell in heißes Wasser tauchen. Der Sensor zeigt eine exponentielle Annäherung mit einer Zeitkonstante τ, siehe Bild 1.6.

Wir machen den Ansatz:

$$T_i(t) = T_a\left(1 - e^{-t/\tau}\right) \tag{1.11}$$

Um diesen Ansatz zu verifizieren, setzen wir ihn in die Gleichung ein:

$$\dot{T}_i(t) = \frac{T_a}{\tau} e^{-t/\tau}$$

$$T_a - T_a e^{-t/\tau} + \frac{C}{K}\frac{T_a}{\tau} e^{-t/\tau} = T_a$$

$$\tau = \frac{C}{K} \tag{1.12}$$

Wir sehen, dass der Ansatz die Gleichung löst und können dabei auch die Zeitkonstante τ bestimmen. Wie bekommen wir einen schnellen Sensor mit kleinem τ? Wie zu erwarten brauchen wir dafür eine kleine Wärmekapazität und einen guten thermischen Kontakt. Die thermische Zeitkonstante entspricht im Falle eines elektrischen Tiefpasses der RC Zeitkonstante. Nach der Zeit τ hat der Sensor $T(\tau) = T_a(1-e^{-1}) = 0{,}63\,T_a$ erreicht, also 63% des Endwerts. In Bild 1.6 ist auch die Tangente im Nullpunkt eingezeichnet, die den Endwert bei $t = \tau$ schneidet.

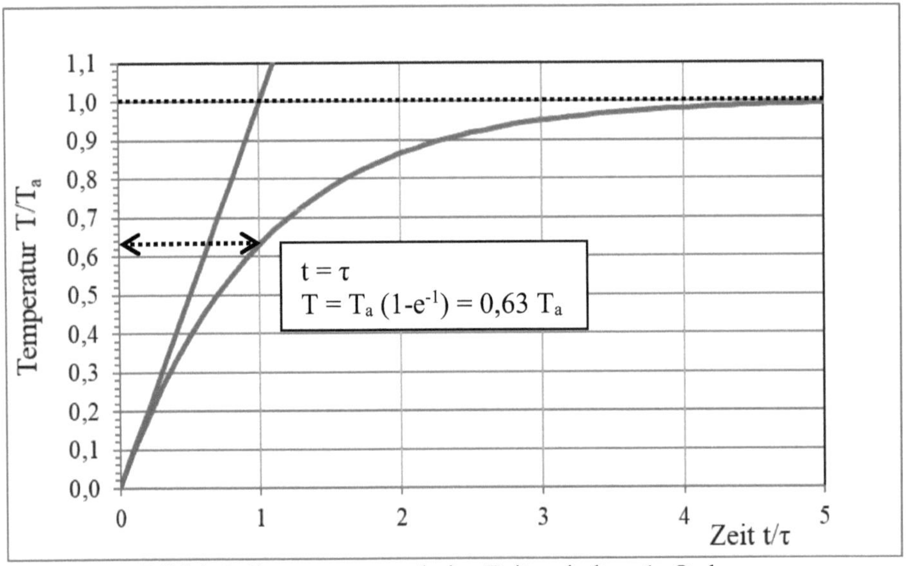

Bild 1.6: Sprungantwort beim Zeitverhalten 1. Ordnung

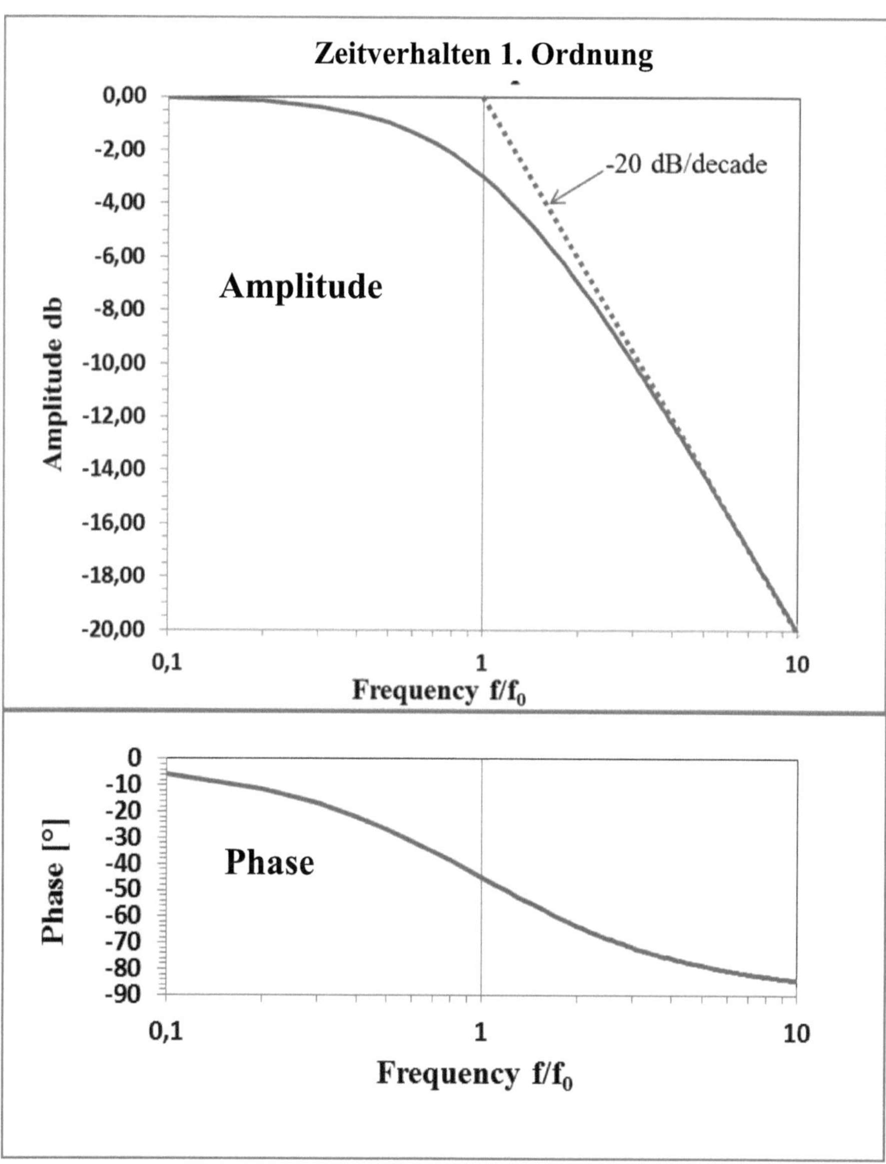

Bild 1.7: Zeitverhalten 1. Ordnung: Amplitude und Phase der Antwort auf eine Sinusanregung.

Die Antwort auf die Sinusanregung ist aus der Elektrotechnik gut bekannt. Sie entspricht dem Übertragungsverhalten eines Tiefpasses erster Ordnung. Die Amplitude ändert sich bei geringen Frequenzen nicht, ab der Eckfrequenz $f_0 = 1/\tau$ nimmt sie mit zunehmender Frequenz ab. Bei niedrigen Frequenzen bildet der Sensor das Signal ohne Zeitverzug ab, wenn die Frequenz steigt, dann entsteht ein zeitlicher Verzug. Bei f_0 ist dieser 45°, bei hohen Frequenzen steigt er bis 90°.

Für die Messtechnik lernen wir:
Wenn wir Signale messen, die sich langsam ändern (Frequenz $<<1/\tau$), dann müssen wir das Zeitverhalten nicht betrachten.
Wenn das Signal sich schnell ändert (Frequenz $> 1/\tau$), dann können drei Probleme auftreten:
1. Die Amplitude wird zu klein gemessen.
2. Das Signal kommt zeitlich verspätet (Phasenverschiebung).
3. Die Kurvenform ist verzerrt. Aus einem Rechteck wird eine „Haifischflosse".

Dieses Verhalten nennt man <u>Zeitverhalten 1. Ordnung</u> (PT 1 Verhalten, Verzögerungsglied 1. Ordnung, Tiefpass 1. Ordnung). Es tritt dann auf, wenn in der mathematischen Beschreibung des Systems eine Funktion und ihre erste Ableitung nach der Zeit bestimmend sind.
- Elektrisch: RC Glied (Ladung und Strom = Zeitableitung der Ladung)
- Thermisch: Temperaturausgleich: Wärmemenge und Wärmestrom.
Die meisten Messverfahren werden durch ein Zeitverhalten 1. Ordnung beschrieben.

Es gibt auch ein Zeitverhalten 2. Ordnung, das eintritt, wenn in der Beschreibung des Systems eine Funktion und ihre zweite Ableitung nach der Zeit bestimmend sind. Differentialgleichungen mit einer Funktion und deren zweiter Ableitung sind Schwingungsgleichungen. Beispiele sind elektrisch ein LC Glied und mechanisch ein Feder-Masse Oszillator. Das Zeitverhalten 2. Ordnung ist gekennzeichnet durch Resonanz und dadurch, dass die Phasenverschiebung bis zu 180° betragen kann.

Ein Beispiel für zeitkritische Messung ist der Beschleunigungssensor eines Airbags. Das Signal muss nach 1 ms da sein, sonst kommt der Airbag bei einem Unfall zu spät. Daher ist $\tau < 1$ ms bzw. $f_0 > 1$ kHz nötig. Typische Werte in Airbagsystemen sind $\tau = 100$ µs, bzw. $f_0 = 10$ kHz.

Wissensfragen: 

- Was ist Messen?
- Was ist eine Kennlinie?
- Was ist der thermoresistive Effekt? Formel?
- Was ist eine Standardabweichung, was eine Varianz? Welche Dimension haben sie?
- Sie messen eine Größe 1000-mal. Wie viele Messungen liegen ungefähr innerhalb von 1σ? Wie viele innerhalb von 3σ?
- Geben Sie die Formel für die Fehlerfortpflanzung an.
- Was ist ein Zeitverhalten 1. Ordnung? Formel?
- Was bedeutet die Zeitkonstante τ? Welchen Wert zeigt die Messung zum Zeitpunkt $\tau = 1$ an?
- Sie Messen eine Sägezahnschwingung von 100 Hz. Der Sensor hat eine Zeitkonstante von 8ms. Mit welchen Problemen müssen Sie rechnen?

? Denkfragen

1.1   Normalverteilung

Betrachten Sie eine Kette mit N Gliedern. Ein Kettenglied hat eine mittlere Bruchkraft von einer Tonne bei einer Standardabweichung von 5%. Sie hängen ein Gewicht von 900 kg an die Kette.
Wie groß ist die Wahrscheinlichkeit, dass die Kette hält
a) Bei N = 1
b) Bei N = 100
Nehmen Sie eine Normalverteilung an und vernachlässigen Sie das Eigengewicht der Kette.

Betrachten Sie dazu Bild 1.3: Normalverteilung.

Ist die Annahme einer Normalverteilung gerechtfertigt? Welche Eigenschaft der physikalischen Situation wird durch die Normalverteilung nicht korrekt abgebildet? Welche Verteilungsfunktion wäre besser?

Antwort
900 kg sind 2 σ. Die Wahrscheinlichkeit, dass ein Glied nicht bricht, ist 0,9772.
Die Wahrscheinlichkeit, dass zwei unabhängige Ereignisse gleichzeitig eintreffen, ist das Produkt der Einzelwahrscheinlichkeiten. Die Wahrscheinlichkeit, dass alle 100 Glieder nicht brechen, ist also $0{,}9772^{100} = 0{,}0996$. Die Wahrscheinlichkeit, dass die Kette bricht ist also 90%.
Bei nur 10 Gliedern reduziert sich die Wahrscheinlichkeit, dass die Kette bricht, auf 21%.

Die Normalverteilung ist symmetrisch. Die Verteilung der Bruchlast ist asymmetrisch. Es gibt Frühausfälle, aber keine Abweichungen weit über der mittleren Bruchlast. Besser ist die asymmetrische Weibullverteilung.

1.2 Verzugszeit

Ein resistiver Temperatursensor wird mit zwei Wasserbecken einem Rechteckimpuls ausgesetzt: 0 °C, dann 100 °C für 10 s, dann wieder 0 °C, wieder 100 °C usw.... Die thermische Verzugszeit (Zeitverhalten 1. Ordnung) ist $\tau = 5$ s.
Wie sieht die Kurvenform für die gemessene Temperatur aus?
Wie groß ist die angezeigte Temperatur nach 10 Sekunden im heißen Wasser?
Was passiert nach mehreren Auf und Ab Zyklen?
Mit welchen 3 Abweichungen zwischen der physikalischen Temperatur und dem Sensorsignal muss man rechnen?

Antwort:

Mit welchen 3 Abweichungen muss man rechnen?
- Kurvenform verfälscht (Haifischflosse)
- Amplitude zu gering
- Phasenverschiebung: Signal kommt später als physikalischer Vorgang.

Wie groß ist die Amplitude im Sensorsignal nach 10 Sekunden im heißen Wasser?

$$t = 2\tau \rightarrow T(t) = T_0 \left(1 - e^{-\frac{t}{\tau}}\right) = 100°C \,(1 - e^{-2}) = 86{,}5 \ °C$$

Wie groß ist die maximale gemessene Temperatur?
Im eingeschwungenen Zustand (d.h. nach mehreren Auf-Ab Zyklen) bewegt sich die Temperatur zwischen zwei Temperaturniveaus T_1 (kalt) und T_2 (heiß).
Die beiden Niveaus liegen symmetrisch zwischen 0 °C und 100 °C (also symmetrisch um 50 °C): $T_1 + T_2 = 100°C$

Beim Abschwung vom heißen auf das kalte Niveau bewegt sich die Temperatur um 0,865 T(heiß): $T_2 - T_1 = 0{,}865 \, T_2$

Addiere die Gleichungen:
$$2T_2 = 0{,}865\,T_2 + 100°C$$
$$T_2 = 88{,}1°C; \qquad T_1 = 11{,}9°C$$

? 1.3   Phasenmessung in der Akustik

Vor vielen Jahren, in meiner Promotionszeit, habe ich Messungen zur Ausbreitung
von Schallwellen durchgeführt. Es geht darum, die Phasenverschiebung Φ zwischen
dem Schalldruck (gemessen mit einem Mikrofon) und der Schallschnelle zu messen.
Die Schallschnelle ist die Bewegung der Luft bei der Ausbreitung von Schall. Sie wird
mit einem Laser-Anemometer gemessen. Das Anemometer zeigt starkes Rauschen,
deswegen verwendet man ein Rauschfilter.

Die Messergebnisse waren gegen jede Theorie. Erwartet waren $\Phi = 90°$. Gemessen
habe ich $\Phi = 130°$. Ich habe damals eine Woche gebraucht, um den Fehler zu finden.
Aber nach Lektüre von Kapitel 1 sollten Sie es eigentlich sofort sehen.

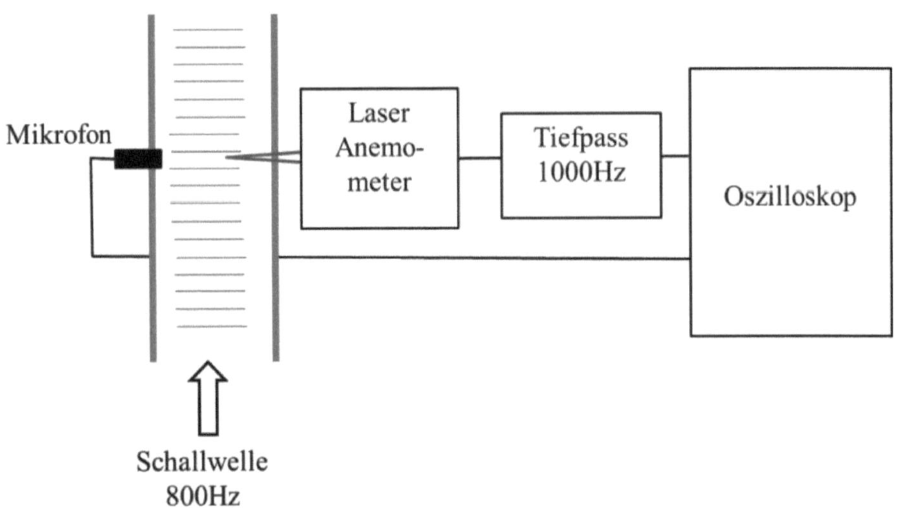

Bild 1.8: Messplatz für Schalldruck und Schallschnelle

Antwort

Der Tiefpass hat eine Eckfrequenz von 1000 Hz.
Betrachten wir Bild 1.7, Phasenverzug gegen Frequenz.
Wir sind bei

$$\frac{\omega}{\omega_0} = \frac{800\,Hz}{1000\,Hz} = 0{,}8\,.$$

Entsprechend ist ein Phasenverzug von 40° zu erwarten.

Was kann man tun? Am besten ist es, zwei identische Filter für beide Messkanäle einzubauen, auch wenn man im Mikrofonsignal kein Filter braucht. Man sollte auch den Abstand zur Eckfrequenz größer wählen, also die Filter besser auf 2 kHz auslegen.

2. Messung von Spannung und Strom

2.1. Gleichstrom und Gleichspannung

Das klassische Messgerät für die Messung von Strom und Spannung ist das Drehspulgerät. Bei diesem wird durch den Strom in der Drehspule ein Magnetfeld erzeugt. Dieses will sich im Feld eines Permanentmagneten ausrichten, wie sich eine Kompassnadel im Erdmagnetfeld ausrichtet. Dadurch wird ein Drehmoment erzeugt. Dieses arbeitet gegen eine Rückstellfeder. Die Winkelauslenkung ist proportional zur Stromstärke. Im Grunde ist es ein Gleichstrommotor, der gegen eine Feder arbeitet. Typische Kenngrößen sind: Messbereich 200 µA, Innenwiderstand 400 Ω. Das Drehspulgerät hat den Nachteil, dass der Innenwiderstand relativ klein ist. Dadurch wird der gemessenen Spannung immer ein Strom und somit Leistung entzogen.

Heute wird das Drehspulgerät kaum noch verwendet, Spannungsmessung geschieht durch Analog-Digitalwandler. Warum befassen wir uns dann damit? Der Grund ist, dass man am Beispiel des Drehspulgeräts grundlegende Fragen der Messtechnik diskutieren kann. Viele Messverfahren und Sensoren sind Spannungsquellen mit hohem Innenwiderstand. Daher müssen wir immer den Eingangswiderstand der Messgeräte betrachten.

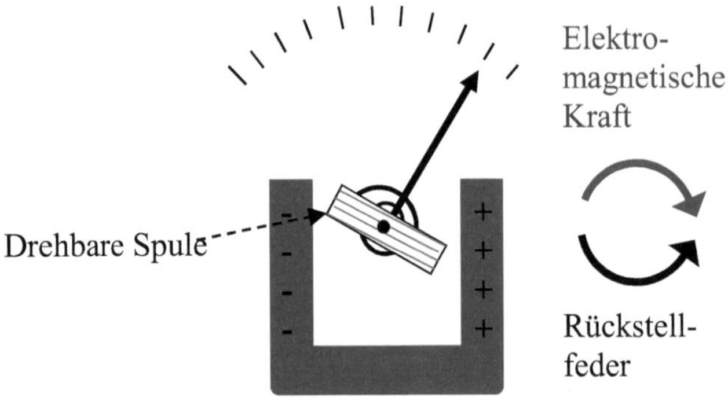

Bild 2.1: Das Drehspulmessgerät

Gleichspannung

Die Messung von Strom und Spannung soll so erfolgen, dass sie das Netzwerk möglichst wenig beeinflusst. Das bedeutet, dass die Messapparatur (=Innenwiderstand des Messgeräts sowie Vor- bzw. Nebenwiderstände) möglichst wenig elektrische Leistung aufnehmen soll.

Bild 2.2 zeigt die Messung der Spannung. Durch das Messgerät wird ein kleiner Strom fließen. Dies führt zu einem Spannungsabfall am Innenwiderstand der Spannungsquelle R_i. Damit verändert die Tatsache, dass wir messen, die Größe, die wir messen wollen. Dies gilt es zu verhindern oder zu minimieren. Die Beeinflussung ist dann klein, wenn der Innenwiderstand des Messgeräts R_M groß ist. Es gilt also: Spannungen muss man <u>hochohmig</u> messen.

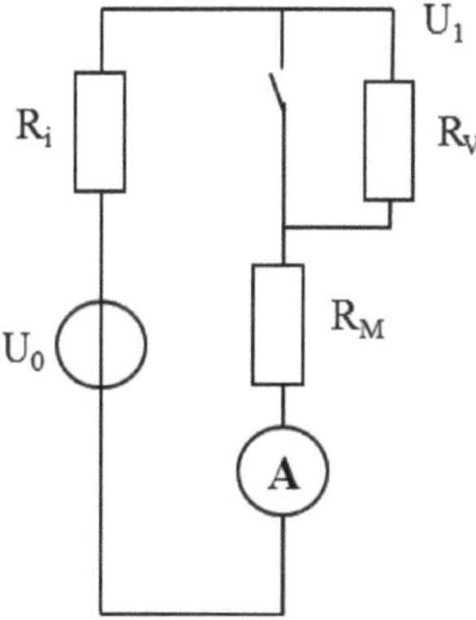
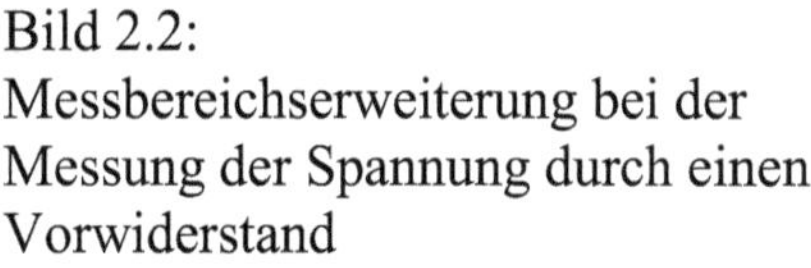
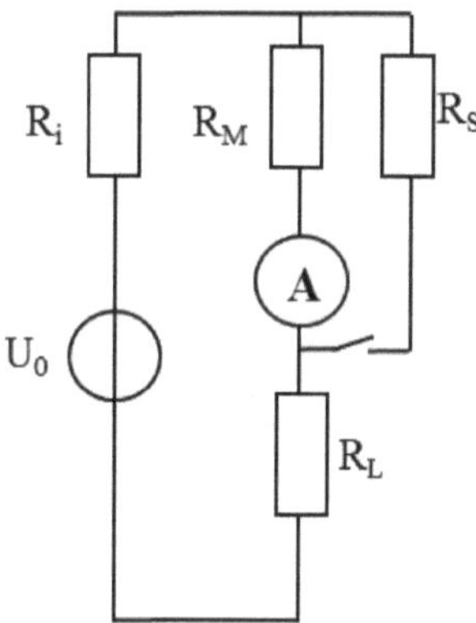

Bild 2.2:
Messbereichserweiterung bei der
Messung der Spannung durch einen
Vorwiderstand
U_0 = Quellenspannung
U_1 = Externe Spannung
R_i = Innenwiderstand der
      Spannungsquelle
R_M = Innenwiderstand Messgerät
R_V = Vorwiderstand

Bild 2.3:
Messbereichserweiterung bei der
Messung des Stroms durch einen
Nebenwiderstand (Shunt)
R_S = Shunt
R_L = Lastwiderstand

Um den Messbereich zu erweitern, verwenden wir einen Vorwiderstand, an dem der größere Teil der Spannung abfällt. Ein Drehspulgerät mit I_M=200 µA Messbereich und 400 Ω Innenwiderstand hat bei 80 mV Vollausschlag. Wir wollen z.B. 100 V messen:

$$R_v + R_M = \frac{U_1}{I_M} = \frac{100\,V}{200\,µA} = 500\ k\Omega \qquad (2.1)$$

Der Vorwiderstand ist also 500 kΩ, die 400 Ω des Messgeräts spielen keine Rolle. Für eine geringe Beeinflussung der Messung muss das Drehspulgerät sehr empfindlich sein, also I_M so klein wie möglich.

Gleichstrom

Bild 2.3 zeigt die Messung des Stroms. Durch den Innenwiderstand des Messgeräts R_M wird der Strom in der Leiterschleife reduziert. Wieder verändert die Tatsache, dass wir messen, die Messgröße. Dies minimieren wir, wenn R_M möglichst klein ist. Wir lernen also: Ströme muss man <u>niederohmig</u> messen. Um den Messbereich zu erweitern, verwenden wir einen niederohmigen Nebenwiderstand zum Messgerät, man nennt das einen „Shunt". Damit teilen wir den Strom auf und messen nur einen Teilstrom.

Beispiel: Der Messbereich soll von 200 µA auf 1 A erweitert werden. Der Innenwiderstand des Messgeräts ist 400 Ω. Am Messgerät und am Shunt fällt die gleiche Spannung U_M ab:

$$U_M = R_M I_M = R_S I_S$$

$$I_S = 1\ A\text{-}200\ µA$$

$$R_S = R_M \frac{I_M}{I_S} = 0{,}08\ \Omega \qquad (2.2)$$

Wie können wir die Messung verbessern? Die Beeinflussung wird klein, wenn der Shunt klein ist. Wichtig ist dafür ein Messgerät mit geringem Innenwiderstand und großer Empfindlichkeit.

Da Shunts sehr kleine Widerstände sind, kann der Kontaktwiderstand des Schalters die Messung verfälschen. Deswegen baut man in Multimetern die Shunts „symmetrisch" ein, wie es Bild 2.4 zeigt. Dadurch wirkt der Kontaktwiderstand auf beide Stromzweige und verfälscht die Messung nicht. Allerdings wird der Gesamtwiderstand etwas erhöht.

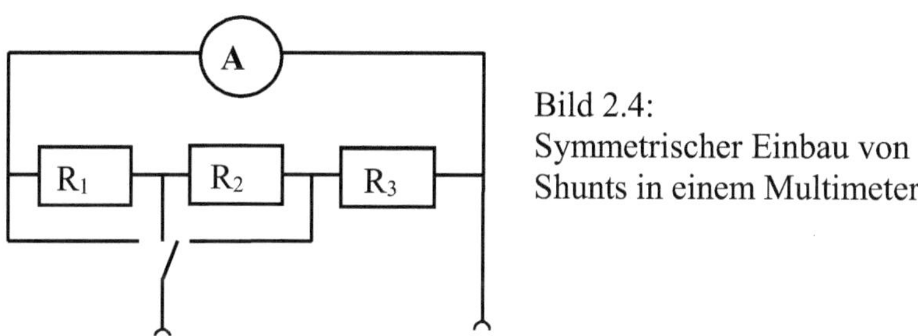

Bild 2.4:
Symmetrischer Einbau von
Shunts in einem Multimeter

Wie genau kann ich mit solchen Anordnungen messen? Drehspulgeräte haben Genauigkeiten im Bereich von 0,5% bis 2,5% (Maximalfehler). Bei digitaler Messung ist meist die Auflösung des AD-Wandlers entscheidend. Mit einem 10 Bit Wandler kann ich ein Teil aus 2^{10} auflösen, also 1:1024 oder 0,1%. Die Messgenauigkeit kann also nicht besser sein, als 1/1000 des Skalenendwerts. Sie kann allerdings schlechter sein. Ein Messgerät kann 1 mV auflösen und trotzdem um 1 V falsch messen!

Kompensationsmessungen

Bei den im letzten Abschnitt beschriebenen Verfahren haben wir den Ausschlag eines Zeigers abgelesen, man spricht deswegen von Ausschlagsmessung. Bei der Kompensationsmessung geht man umgekehrt vor: Man stellt einer zu messenden Spannung U_E eine Vergleichsspannung U_R gegenüber. Sind die Spannungen gleich, so ergibt sich kein Strom, die Spannung wird kompensiert. Daher spricht man von Kompensationsmessung.

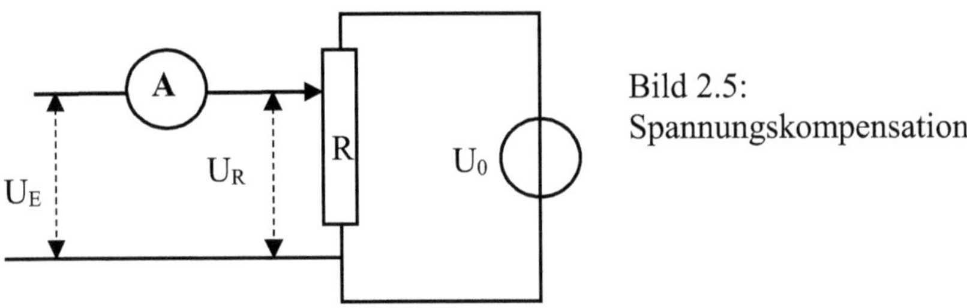

Bild 2.5:
Spannungskompensation

Im Beispiel Bild 2.5 realisieren wir die Vergleichsspannung U_R einfach durch eine Batterie und einen Spannungsteiler. Wir stellen U_R ein, bis das Amperemeter keinen Strom mehr anzeigt. Dann können wir U_E an der Einstellung des Potentiometers ablesen. Das Verfahren hat einige Vorteile:
- Der Eingang ist hochohmig, denn es fließt ja kein Strom.
- Das Verfahren ist sehr genau.
- Das Amperemeter muss nicht geeicht sein, nur der Nullpunkt muss stimmen und den kann man jederzeit nachprüfen.

Allerdings benötigt man eine geeichte Spannungsquelle!

Sehr viele Sensor- und Messelektroniken verwenden Kompensationsverfahren. Wir werden auch noch sehen, dass fast alle AD-Wandler intern mit Kompensation arbeiten. Auch bei der Eichung von Messgeräten wird meist Kompensation eingesetzt.

2.2 Der thermoelektrische Effekt

Wir betrachten nun drei Beispiele für spannungsgebende Messverfahren. Das Erste ist der thermoelektrische Effekt zur Messung der Temperatur.

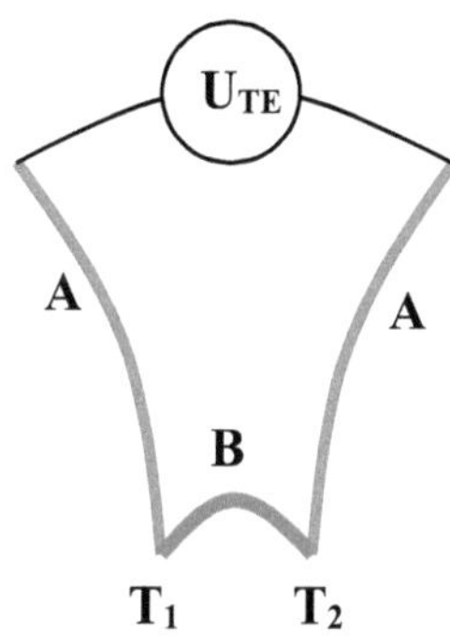

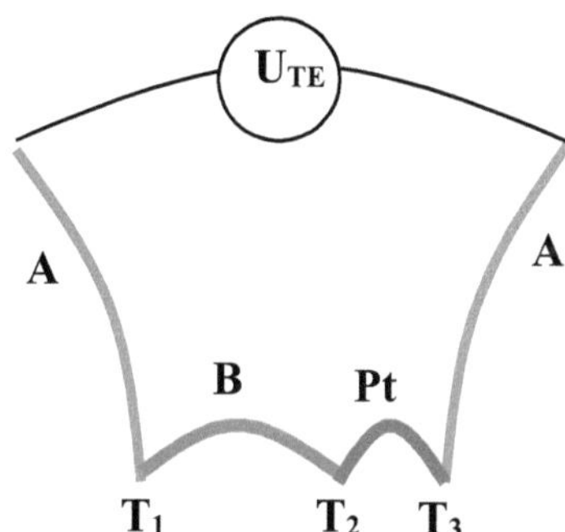

Bild 2.6:
Der thermoelektrische Effekt

$$U_{TE} = U_{AB} + U_{BA}$$
$$= k_{AB}(T_1 - T_2)$$

Bild 2.7:
Einfügen eines weiteren Metalls Pt

$$k_{AB} = k_{APt} - k_{BPt}$$

Wenn zwei Metalle, in Bild 2.6 nennen wir sie A und B, sich berühren, dann entsteht eine Kontaktspannung U_{AB}. Es ist nicht so leicht, diese Spannung zu messen. Zur Messung müssen wir einen geschlossenen Stromkreis erzeugen, und dabei entstehen zwangsläufig weitere Metallübergänge und weitere Kontaktspannungen. Bewährt hat sich die Anordnung A-B-A wie in Bild 2.6. Wir messen die Spannungen zwischen den beiden Metall A-Leitern. Zunächst nehmen wir an, dass alles auf gleicher Temperatur ist. Dann kann es aus Symmetriegründen keine Spannung geben, denn es gibt keine ausgezeichnete Richtung – wo sollte Plus sein und wo Minus? Wenn wir aber einen Kontaktpunkt erwärmen, z.B. $T_2 > T_1$, dann ist eine Richtung ausgezeichnet, und tatsächlich messen wir dann eine Spannung, die thermoelektrische Spannung (oder Seebeckspannung). Offenbar sind die Kontaktspannungen temperaturabhängig. Wir beschreiben die thermoelektrische Spannung mit dem thermoelektrischen Koeffizienten k_{AB}. Bei großen Temperaturdifferenzen wird es auch quadratische Terme geben, die wir im Moment vernachlässigen.

$$U_{TE} = k_{AB}(T_1 - T_2) \tag{2.3}$$

k_{AB} ist der thermoelektrische Koeffizient zwischen den beiden Metallen A und B. Aus Symmetriegründen gilt

$$k_{AB} = -k_{BA} \tag{2.4}$$

Was passiert, wenn wir mehrere Metalle kombinieren wie in Bild 2.7? Wir finden

$$U_{TE} = k_{AB}T_1 + k_{BPt}T_2 + k_{PtA}T_3$$

Wiederum muss die Spannung verschwinden für $T_1 = T_2 = T_3$. Also

$$k_{AB} + k_{BPt} + k_{PtA} = 0$$
$$k_{AB} = k_{APt} - k_{BPt}$$

Hier zeigt sich, dass wir die Koeffizienten addieren können. Das ist wichtig, denn es erlaubt uns eine wichtige Vereinfachung: wir beziehen die Koeffizienten immer auf ein Referenzmetall. Traditionell ist dies Platin. Dann können wir jedes Metall X mit einem Koeffizienten k_{XPt} beschreiben und die Koeffizienten zwischen Metallen berechnen:

$$k_{AB} = k_{APt} + k_{PtB} = k_{APt} - k_{BPt} \tag{2.5}$$

Dies ergibt die thermoelektrische Spannungsreihe, in der die Thermokraft jedes Metalls gegen Platin aufgelistet ist.

Die größten Werte finden wir für Antimon und Wismut. Leider sind diese Metalle giftig und werden in der Technologie ungern eingesetzt.

Warum ändert sich die Kontaktspannung mit der Temperatur? Jedes Elektron in einem Metall hat eine Energie. Diese Energie ist materialspezifisch. Der Unterschied dieser Energien ist der Ursprung der Kontaktspannung. Es haben aber nicht alle Elektronen die gleiche Energie, vielmehr sind die Energien durch die thermische Bewegung um einen Mittelwert herum verteilt. Sowohl die mittlere Energie als auch die Streuung sind temperaturabhängig, also sind auch die Kontaktspannungen temperaturabhängig. Diese Erklärung ist sehr kurzgehalten. Eine ausführlichere Beschreibung des Effektes und der Sensoren finden Sie in meinem Buch „Sensors and Measurement Systems"[3].

Tabelle 2.1 Die thermoelektrische Spannungsreihe	
Metall	Thermoelektrische Spannung [μV/K]
Wismut	−72
Konstantan	−35
Nickel	−15
Platin	0
Aluminium	3,5
Rhodium	6
Kupfer	6,5
Gold	6,5
Antimon	47

Wo finden wir Silizium und andere Halbleiter in der thermoelektrischen Spannungsreihe? Halbleiter haben sehr viel größere Koeffizienten. Bei Silizium sind es bis zu +/-1200 μV/K für einkristallines Material und ca. +/-200 μV/K für Dünnfilmmaterial. Das Vorzeichen hängt von der Dotierung ab. Warum ist der Wert für Halbleiter so viel höher als für Metalle? Das kommt von der Bandstruktur der Elektronen. Bei Halbleitern ändert die Temperatur die Höhe der Energiebänder. Daher kann eine geringe Temperaturänderung eine große Zahl an beweglichen Elektronen bereitstellen und somit eine hohe Kontaktspannung erzeugen.

Mit dem thermoelektrischen Effekt messen wir eine Temperaturdifferenz, keine absolute Temperatur. Dies kann in der Anwendung oft ein Vorteil sein, denn thermische Sensoren werden oft eingesetzt um kleine Energiemengen zu messen, und diese erkennt man an einer Temperaturdifferenz.

---

[3] Walter Lang: Sensors and Measurement Systems, River Publishers 2019, ISBN: 87-7022-028-X

Die Temperaturmessung mit Thermoelementen hat große Vorteile:
- Die Messung ist unabhängig vom Leitungswiderstand. Allerdings ist die Thermospannung eine Spannungsquelle mit hohem Innenwiderstand. Das bedeutet, sie bricht bei Stromentnahme schnell zusammen. Wir benötigen also ein Voltmeter mit hoher Eingangsimpedanz.
- Keine Selbsterwärmung, da kein Strom fließt.
- Wenn man bekannte Materialien verwendet, dann kann man sich auf die tabellierten Koeffizienten verlassen. Man muss also keine Eichung der Temperaturmesskurve mehr vornehmen.

Wie sehen Thermoelemente praktisch aus?
1. Man kann selbst aus zwei verlöteten Drähten ein Thermoelement bauen.
2. Man kann in Dünnfilmtechnik durch zwei übereinanderliegende Schichten Thermoelemente herstellen.
3. Es gibt fertige, konfektionierte Thermoelemente. Bei Mantelthermoelementen werden die beiden verlöteten Drähte isoliert und durch ein dünnes Metallröhrchen geschützt. Der Vorteil ist die Robustheit, der Nachteil ist eine große thermische Zeitkonstante von einigen Sekunden durch das Metallröhrchen und die Isolation. Einige typische Standardkombinationen sind:

Typ K:	NiCR/Ni	bis 1100°C
Typ J:	Fe/CuNi	bis 600°C
Typ E:	NiCr-CuNi	bis 690°C
Typ S:	Pt/PtRh (10%)	bis 1600 °C.

Thermospannungen treten leider auch auf, wenn man sie nicht haben will. In elektronischen Schaltungen gibt es immer Temperaturunterschiede. Nehmen wir als Beispiel an, dass ein Kupferdraht zwei Bauteile verbindet, die intern Bonddrähte aus Aluminium haben. Der Temperaturunterschied sei 2 °C. Dann ergibt sich eine Thermospannung von

$$U_{Th} = 2 \ °C \cdot (6,5\text{-}3,5) \ \mu V/°C = 6 \ \mu V.$$

Aus dem Beispiel erkennt man, dass man immer an thermoelektrische Spannungen denken muss, wenn man Spannungen im Bereich von 10 μV oder weniger messen will. Was kann man tun? Wenn man einen Messstrom einprägt, wie z.B. bei Widerstandsmessungen, dann kann man eine Nullmessung bei abgeschaltetem

Messstrom machen. Weiterhin kann man den Messstrom umpolen und die Differenz der gemessenen Spannungen bilden.

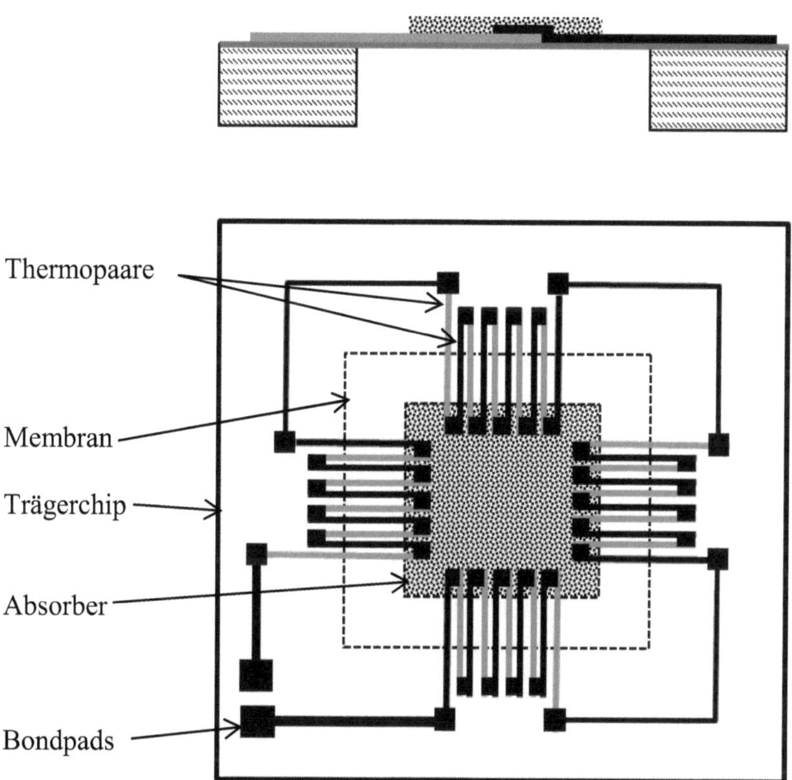

Bild 2.8: Dünnfilm Thermopile, Querschnitt und Aufsicht
Träger: Silizium; Membran: Siliziumnitrid.
Thermopaare: Polykristallines Silizium + Aluminium

Ein wichtiges Anwendungsbeispiel für den thermoelektrischen Effekt ist das Thermopile (oder die Dünnfilmthermosäule), ein Mikrosensor zur Messung der Wärmestrahlung[4]. Der Sensor wird mit den Methoden der Siliziummikromechanik auf Siliziumwafern hergestellt. Er wird eingesetzt, um Wärmestrahlung (Infra-

---

[4] https://www.heimannsensor.com/

rotstrahlung) zu messen. Damit kann man ein berührungsloses Thermometer (Pyrometer) aufbauen, das aus der Wärmestrahlung von einer Oberfläche berührungslos die Oberflächentemperatur misst.

Bild 2.8. zeigt ein Thermopile für Wärmestrahlung. Der Korpus ist ein Siliziumchip. Man bringt eine dünne Schicht aus Siliziumnitrid auf und entfernt das Silizium unter dieser Schicht durch Ätzen. So entsteht eine dünne Membran mit geringer Wärmekapazität und geringer Wärmeleitung zum Korpus. Nun folgen zwei leitfähige Schichten: Dünnes Silizium und Aluminium. Aus diesen werden Thermoelemente hergestellt, die die Temperaturdifferenz zwischen dem Korpus und einem Messfleck in der Mitte der Membran messen. Man verwendet 60 Thermoelemente in Reihe, um die Ausgangsspannung zu steigern. Am Ende wird der Messfleck in der Mitte der Membran mit einem IR-Absorber schwarz beschichtet.

Wenn Wärmestrahlung auftrifft, so wird der Messfleck um eine geringe Temperaturdifferenz (Bruchteile eines °C) erwärmt. Dies erzeugt eine thermo-elektrische Spannung, die proportional zur einfallen Strahlungsleistung ist. Bei dem Thermopile aus Bild 2.8. erhält man eine Empfindlichkeit (Ausgangsspannung / IR-Leistung) von $E = 32$ V/W. Man verwendet Thermopiles zur berührungslosen Temperaturmessung (Pyrometrie), z.B. in Form eines Ohrthermometers, das aus der IR Strahlung die Temperatur der Haut im Gehörgang bestimmt. Thermopiles werden auch für thermische Strömungssensoren eingesetzt. Dazu wird die Membran geheizt. Man misst, wieviel Wärme durch die Strömung entzogen wird und kann so die Strömungsgeschwindigkeit berechnen.[5]

Für den Infrarotsensor sind wir an einem Temperaturunterschied interessiert, nicht an der absoluten Temperatur. Hier zeigt sich, dass die Messung der Temperaturdifferenz durch den thermoelektrischen Effekt ein Vorteil ist. Alternativ kann man auch die absolute Temperatur des Messflecks und die des Korpus mit zwei Widerständen messen. Dann muss man aber eine sehr kleine Differenz aus zwei Messungen bilden, z.B. 20,000 °C minus 20,005 °C. Dies erfordert eine extrem genaue Temperatur-

---

[5] Buchner, R., C. Sosna, M. Maiwald, W. Benecke and W. Lang: A high-temperature thermopile fabrication process for thermal flow sensors. Sensors and Actuators A: Physical 130-131, 262-266 (2006)

messung und ist sehr störungsanfällig. Grundsätzlich gilt in der Messtechnik: Differenzen so früh wie möglich bilden. So werden die Messverfahren robuster.

Trotzdem können wir eine Temperaturdrift der Messung nicht ganz verhindern. Die thermoelektrischen Koeffizienten sind temperaturabhängig. In der Regel wird die Thermospannung mit zunehmender Temperatur ein wenig niedriger. Das bewirkt einen Temperaturgang der Strahlungsmessung. Deswegen setzt man meist neben das Thermopile einen Widerstandstemperatursensor und korrigiert den Temperatureinfluss digital.

2.3 Der Hall Sensor

Der Hall Sensor ist ein spannungsgebender Sensor zur Messung der magnetischen Feldstärke. Der Aufbau ist einfach: ein Leiter in einem Magnetfeld B wird von einem Messstrom I durchflossen. Auf der Oberfläche des Leiters sind zwei Elektroden aufgebracht, mit denen man eine Spannung U messen kann. B, I und die Abgriffslinie der Spannung U stehen aufeinander senkrecht, wie es Bild 2.9 zeigt.

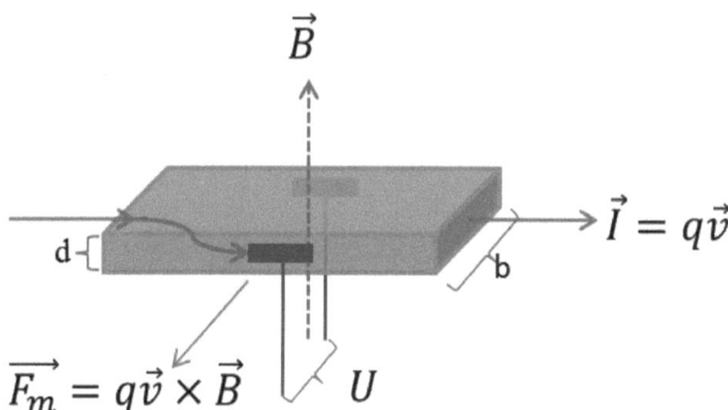

Bild 2.9: Der Hallsensor   U=Hallspannung
I=Messstrom   d=Dicke
B=Magnetische Feldstärke   b=Breite

Was passiert im Hall-Sensor? Wenn ein Teilchen mit der Ladung q sich mit der Geschwindigkeit v in einem Magnetfeld B bewegt, dann erfährt es die magnetische Lorentzkraft F_m:

$$\vec{F}_m = q\vec{v} \times \vec{B} \tag{2.6}$$

Wenn Strom durch einen Leiter fließt und ein Magnetfeld senkrecht auf der Stromrichtung steht, so erfahren die Elektronen eine Kraft in die Richtung, die senkrecht auf dem Strom und auf dem Magnetfeld steht.

$$F_m = qvB \tag{2.8}$$

Diese Kraft konzentriert die Elektronen auf einer Seite des Leiters, bis dadurch ein elektrisches Feld E entsteht, das seinerseits eine Kraft auf die Elektronen ausübt, die die Lorentzkraft kompensiert. Die von außen messbare Hallspannung U ergibt sich aus dem elektrischen Feld E und der Breite b.

$$F_e = qE = q\frac{U}{b} \tag{2.9}$$

Die Ladungsträger akkumulieren, bis sich die Kräfte bei $F_m = F_e$ kompensieren.

$$F_e = F_m; \quad q\frac{U}{b} = qvB; \qquad U = bvB \tag{2.10}$$

Wir müssen noch die Geschwindigkeit der Ladungsträger durch eine beobachtbare Größe ersetzen. Dies ist der Strom I:

$$I = nbdvq \tag{2.11}$$

n ist die Anzahl der beweglichen Ladungsträger pro Volumen. Wir erhalten

$$U = \frac{BI}{dnq} = A_H \frac{BI}{d} \quad \text{mit der Hallkonstanten} \quad A_H = \frac{1}{nq} \tag{2.12}$$

Die Hallkonstante und damit auch die Hallspannung kann positiv oder negativ sein, je nach dem Vorzeichen der Ladung q.

Bei Halbleitern ist die Ladungsträgerdichte n klein und daher die Hallkonstante groß. Bei Halbleitern sind viele Elektronen im Valenzband und nicht beweglich. Der Strom wird nur von den Elektronen im Leitungsband transportiert. Dies sind wenige, und daher müssen sie sich schnell bewegen, um den Strom zu transportieren. Bei Metallen dagegen sind sehr viele Elektronen beweglich, entsprechend ist die Bewegung bei gleicher Stromstärke langsamer. Deswegen verwendet man für Hallsensoren Halbleiter, z.B. Indiumantimonid mit $H = -2,4 \cdot 10^{-4}$ m³/As. Kupfer, zum Vergleich, hat $H = -5,3 \cdot 10^{-11}$ m³/As.

Die Ladungsträger konzentrieren sich in Bild 2.9 vorne. Das tun sie in jedem Fall, unabhängig von dem Vorzeichen der Ladung:

➢ Negative Ladungen, Elektronenstrom: Der Strom geht nach rechts. Die physikalische Bewegung der Ladungsträger geht nach links. $\vec{v} \times \vec{B}$ zeigt nach hinten (in die Bildebene hinein, rechte Hand-Regel anwenden!). Da $q = -e_0$ negativ ist, zeigt $\vec{F}_m = q\,\vec{v} \times \vec{B}$ nach vorne, aus der Bildebene heraus.
➢ Positive Ladungen, Löcherstrom: Der Strom geht wieder nach rechts. Die physikalische Bewegung der Ladungsträger geht auch nach rechts, wie der Strom. $\vec{v} \times \vec{B}$ zeigt nach vorne (aus der Bildebene heraus). Da q positiv ist, zeigt $\vec{F}_m = q\,\vec{v} \times \vec{B}$ auch hier nach vorne, aus der Bildebene heraus.

Anwendungen:
Hall-Sensoren werden in der Regel monolithisch mit ihrer Ausleseelektronik integriert. Sie werden in großer Stückzahl sehr kostengünstig hergestellt. Es gibt Hall-Sensoren mit Analogausgang und Hall-Switches mit einer integrierten Triggerschwelle.

- Hall-Sensoren werden oft eingesetzt, um Bewegungen zu überwachen, z.B. um in einer Alarmanlage zu detektieren, wenn ein Fenster geöffnet wird.
- Ein anderes Beispiel ist die Messung der Drehzahl einer Achse mit einem aufgeklebten Magneten oder durch die Bewegung eines rotierenden Magneten.

- Antriebe für CD-Leser müssen ihre Drehzahl genau einhalten, sonst „jault" die Musik. Dies wird mit Hall-Sensoren gemacht.
- Hall-Sensoren kann man im „Hall-Multiplizierer" anwenden, um zwei Ströme zu multiplizieren. Ein Strom stellt über eine Spule ein Magnetfeld bereit, der zweite treibt den Hall-Sensor. Der Sensorausgang ist dann proportional zum Produkt der Ströme. Ein Vorteil gegenüber anderen Analogmultiplizierern ist, dass der Nullpunkt nicht driftet. Wenn das Magnetfeld oder der Messstrom null sind, dann ist die Hallspannung sicher null. Ein Offset ist an dieser Stelle aus physikalischen Gründen nicht möglich.
- Hall-Sensoren werden eingesetzt, um Ströme zu messen, indem sie das durch den Strom erzeugte Magnetfeld detektieren. Dies nutzt man in der „Stromzange", mit der man den Strom in einer Leitung messen kann ohne diese aufzutrennen. Eine Zange aus Eisen wird um den Leiter geschlossen. Fließt ein Strom, so wird im Eisen ein Magnetfeld induziert. Dieses misst man mit einem Hall-Sensor in der Spaltöffnung der Zange. Man kann Gleich- und Wechselstrom messen. Allerdings muss ein Leiter einzeln zugänglich sein, wenn man beide Phasen in einem Kabel hat, dann heben sich die Magnetfelder natürlich auf.

2.4 Die Lambda-Sonde

Im Ottomotor muss das Benzin-Luft Gemisch stöchiometrisch gemischt sein (Luftzahl $\lambda=1$). Zu viel Luft ($\lambda>1$) führt zu Stickoxiden im Abgas, zu wenig Luft ($\lambda<1$) zu Kohlenmonoxid. Man misst den Sauerstoffpartialdruck im heißen Abgas mit der Lambda-Sonde.

Die λ-Sonde in Bild 2.10 besteht aus einem semipermeablen Keramikzylinder, der die Sauerstoffionen passieren lässt, Sauerstoffmoleküle dagegen nicht (Ionen sind kleiner als Moleküle).

Auf der Luftseite (Kathode, hoher Sauerstoffpartialdruck, Umgebungsluft) sind bei hoher Temperatur viele Sauerstoffionen vorhanden.

$$O_2 + 4e^- \rightarrow O^{--}.$$

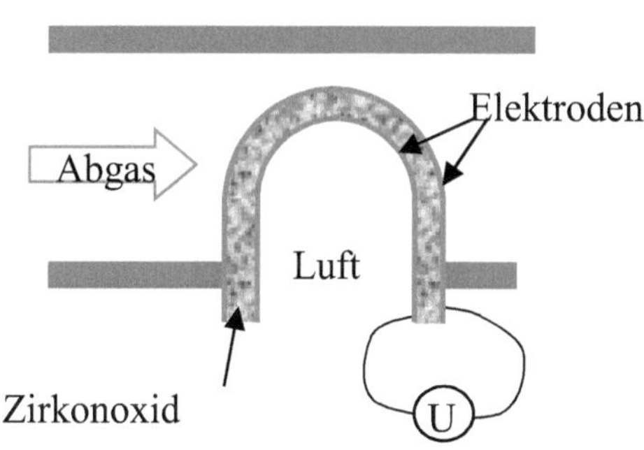

Bild 2.10: Die λ-Sonde

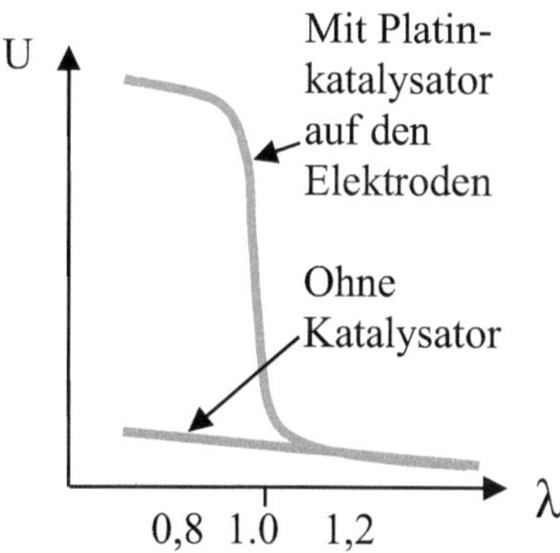

Bild 2.11: Charakteristik der λ-Sonde,
Spannung U gegen Luftzahl λ.

Die Ionen diffundieren durch die Keramik. Auf der Abgasseite (Anode, niedriger Sauerstoffpartialdruck, Abgas) werden die Ionen rekombiniert:

$$O^{--} \rightarrow O_2 + 4e^-.$$

Die diffundierenden Ionen erzeugen einen Strom. Das Ionenungleichgewicht erzeugt ein elektrisches Feld, das durch zwei sehr dünne Metallelektroden abgegriffen wird. Zirkonoxid ist ein Isolator, daher können sich Elektronen nicht durch die Keramik bewegen und das Feld kann sich nicht ausgleichen. Es entsteht eine messbare Spannung (Bild 2.11) die durch katalytische Beschichtung noch verstärkt werden kann.

2.5. Begriffe zur Charakterisierung

An dieser Stelle möchte ich einige Begriffe definieren, die wir immer wieder verwenden, aber noch nicht definiert haben:

Empfindlichkeit: Ausgangsgröße pro Eingangsgröße.
Beim Thermopile: V/ W
Beim Pt100: Ω/K

Auflösung: Kleinste Änderung der Eingangsgröße, die man am Ausgang erkennen kann. Dimension der Messgröße.

Genauigkeit: Maximale Abweichung, die auftreten kann, wenn man innerhalb der spezifizierten Bedingungen arbeitet. Dimension der Messgröße.
Die Genauigkeit wird vom Hersteller angegeben und garantiert.

Kalibrieren: Messen und Dokumentieren des Zusammenhanges zwischen Ausgangsgröße und Eingangsgröße.

Justieren: Einstellen auf eine vorgegebene Ausgangsgröße bei einer bestimmten Eingangsgröße.

Eichen: Prüfen und Bestätigen durch eine staatliche Behörde nach gesetzlichen Vorschriften.

2.7. Thermisches Rauschen

Jeder Körper befindet sich in einer thermischen Bewegung (Brownsche Molekularbewegung). Auch die Elektronen in einem elektrischen Widerstand haben eine thermische Bewegung. Sich bewegende Ladungsträger sind ein elektrischer Strom. Es fließt ein Strom durch einen Widerstand, also entsteht ein Spannungsabfall. Diese Spannung ist das thermische Widerstandsrauschen. Wir folgen der Analyse von H. Nyquist[6]: (1) leiten wir aus der Thermodynamik her, welche Rauschleistung durch die thermische Bewegung entsteht. (2) nutzen wir die Elektrodynamik, um die Spannung zu bestimmen, die zur Erzeugung dieser Rauschleistung führt.

(1) Thermodynamik: Wir betrachten die Bewegung der Elektronen als Überlagerung von Schwingungen im Widerstand. Nach dem Äquipartitionsgesetz der Thermodynamik[7] finden wir pro Freiheitsgrad die Energie

$$E = \frac{1}{2} k_B T \qquad k_B = 1{,}4 \ 10^{-23} \ \text{J/K: Boltzmannkonstante} \tag{2.13}$$

Bei Schwingungen ist es dieser Betrag jeweils an kinetischer und an potentieller Energie, also ist die Rauschenergie

$$E_R = k_B T \tag{2.14}$$

Wenn wir annehmen, dass die Schwingungen im Frequenzspektrum gleich verteilt sind, dann können wir eine spektrale Rauschleistungsdichte schreiben:

$$E_R \delta f = k_B T \delta f = \delta P_R \tag{2.15}$$

Betrachten wir ein endliches Frequenzband mit der Bandbreite Δf, dann können wir integrieren und erhalten die Rauschleistung

---

[6] H. Nyquist: Thermal agitation of electric charge in conductor. Physical Review, Vol. 12 (1928)
[7] Gerthsen, Vogel: Physik. Kapitel 5.1.4.

$$P_R = k_B T \Delta f \tag{2.16}$$

Der Übergang von (2.13) zu (2.16) ist sehr abstrakt und schwer verständlich. Deswegen möchte ich diesen Denkschritt durch ein anschaulicheres Argument unterstützen. Wir haben eine Energie und wollen zu einer Leistung. Leistung ist Energie pro Zeit. Welche Zeit sollen wir einsetzen? Die Antwort ist: die Zeit dt, die wir uns nehmen, um für einen einzelnen Messpunkt Daten zu akkumulieren. Wenn wir länger integrieren, dann haben wir mehr Daten, also eine bessere Statistik, und entsprechend können wir auch weniger Rauschen erwarten. Diese Akkumulationszeit dt ist der Kehrwert der Bandbreite der Messung: $\Delta f = 1/dt$. Also finden wir in (2.16) die Rauschleistung als Rauschenergie mal Bandbreite. Betrachten wir noch einmal die Dimensionen: Leistung P ist Energie pro Zeit, also Energie mal Frequenz.

(2) Nun betrachten wir die elektrische Seite: Das Rauschen wird als Spannungsquelle U_R mit dem Innenwiderstand R betrachtet. Die maximale externe Leistung wird bei einem externen Widerstand von $R_{ext} = R$ entnommen und ist

$$P_R = \frac{U_N^2}{4R} \tag{2.17}$$

Der Faktor 4 wird in den Denkfragen am Ende des Kapitels abgeleitet.

Gleichsetzen der Leistungen ergibt

$$U_R = \sqrt{4 k_B T R \Delta f} \tag{2.18}$$

Meist nimmt man an, dass die Leistung über alle Frequenzen gleich verteilt ist (weißes Rauschen).

Für das Beispiel Thermopile ergibt sich mit einem Innenwiderstand von 50 kΩ und einer Bandbreite von 10 Hz eine Rauschspannung von 0,1 µV. Das Signal, das die gleiche Spannung erzeugt, heißt rauschäquivalentes Signal. Mit der Empfindlichkeit von E = 32 V/W ergibt sich für das Thermopile bei einer Bandbreite von 10 Hz eine rauschäquivalente Strahlungsleistung von $L_{Eq} = U_R/E$:

$$L_{Eq} = \frac{0,1\,\mu V}{32\,\dfrac{V}{W}} = 3nW \quad (0\ldots10\ \text{Hz})$$

Wir würden rauschäquivalente Leistung gerne unabhängig von der Bandbreite darstellen. Dazu dividieren wir durch die Wurzel der Bandbreite und erhalten die Noise Equivalent Power (NEP):

$$NEP = \frac{Rauschäquivalentes\ Signal}{\sqrt{Bandbreite}} =$$

$$= \frac{L_{Eq}}{\sqrt{\Delta f}} = \frac{3nW}{\sqrt{10\,Hz}} = 1\frac{nW}{\sqrt{Hz}} \qquad (2.19)$$

Die Nyquistformel gibt uns direkt Hinweise, wie man das Rauschen verringern kann:
- Innenwiderstand verringern
- Temperatur verringern (z.B. IR-Sensor mit flüssigem Stickstoff kühlen)
- Bandbreite verringern, z.B. durch Glätten mit einem RC-Glied. Das macht aber die Messung langsam!

2.8 Lock-In Technik

Eine weitere sehr wirksame Methode der Rauschunterdrückung ist die Lock-In Technik, die das Rauschen durch phasengenaue Gleichrichtung deutlich vermindert. Die Technik ist einsetzbar, wenn man die Signalquelle modulieren kann.

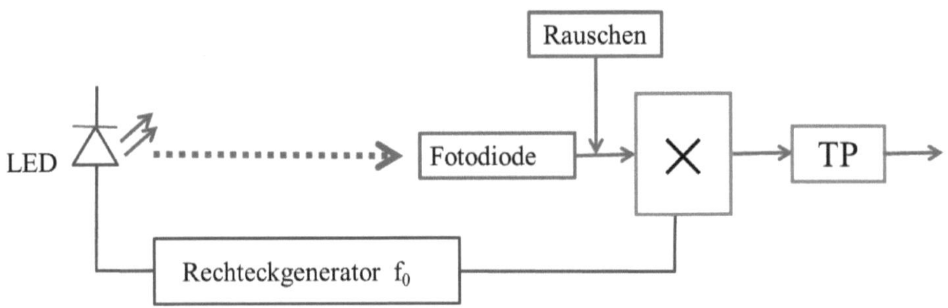

Bild 2.12: Lock-In Technik am Beispiel einer Lichtschranke

Ein Beispiel ist eine Lichtschranke als Sicherheitssystem für die Tür eines Personenaufzugs:
Die Lichtquelle ist eine LED, die mit $f_0 = 327$ Hz moduliert wird. Der Sensor ist eine Fotodiode. Diese empfängt die 327 Hz von der Quelle, aber auch diverse Rauschquellen (z.B. Netzbrumm von elektrischen Lichtquellen). Nun wird das Signal der Fotodiode mit der Rechteckspannung von 327 Hz multipliziert, danach folgt ein Tiefpass TP mit $f_{TP} = 10$ Hz Eckfrequenz. Was finden wir am Ausgang?

Das Signal finden wir am Ausgang der Fotodiode als Rechteck in Phase mit dem Rechteckgenerator. Es werden also zwei Rechteckschwingungen in Phase multipliziert, das ergibt einen DC-Wert der den Tiefpass passieren kann.

Rauschen mit einer Frequenz ungleich der Signalfrequenz wird durch die Multiplikation zerhackt und neu zusammengesetzt. Das Ergebnis ist nur ein neues Rauschen, das vom Tiefpass unterdrückt wird.

Ein spezieller Fall ist der Teil des Rauschens, dessen Frequenz nahe an der Signalfrequenz liegt. Bei der Multiplikation von zwei Signalen mit fast gleicher

Frequenz entstehen Schwebungen, die niederfrequente Anteile haben. Diese kann der Tiefpass nicht ausfiltern. Wir können dieses verbleibende Rauschen reduzieren, wenn wir die Eckfrequenz des Tiefpasses niedrig wählen. Dadurch wird die Messung aber langsam.

Das Lock-In System realisiert einen engen Bandpass um die Erregungsfrequenz von 327 Hz. Die Breite des Bandpasses wird durch die Eckfrequenz des Tiefpasses bestimmt. Insgesamt wird das Rauschen sehr stark reduziert. Ein großer Vorteil dieser Art der Filterung ist, dass nicht nur ungewollte Frequenzen unterdrückt werden, sondern auch ungewollte Phasenlagen bei der Messfrequenz. Das erkennt man, wenn man zwei Rechtecksignale mit gleicher Frequenz, aber 90° Phasenverschiebung multipliziert. Das Ergebnis ist ein Rechtecksignal bei doppelter Frequenz, das vom Tiefpass unterdrückt wird.

Wieder gibt es den Tradeoff zwischen Rauschunterdrückung und Bandbreite. Wenn man die Eckfrequenz des Tiefpasses niedrig wählt, dann kommt wenig Rauschen durch, aber das System wird langsam.

Warum wählen wir 327 Hz und nicht eine gerade Zahl, z.B. 300 Hz? Optische Störungen können z.B. durch Leuchtstofflampen kommen. Diese sind durch die Netzfrequenz mit 100 Hz moduliert. Da die Lichtabstrahlung sehr stark nichtlinear mit der Spannung geht, finden wir starke Oberfrequenzen bei 200 Hz, 300 Hz usw. Deswegen meiden Messtechniker immer Frequenzen, die ganzzahlige Vielfache von 50 Hz sind. Da es auch 60 Hz Netze gibt, z.B. in USA und Japan, sollten Sie auch Vielfache von 60 Hz vermeiden.

2.9. Wechselstrom und Wechselspannung

Was bedeutet der Satz: die Netzspannung in Deutschland ist 220 V? Wir wissen ja, dass die Netzspannung eine Sinusfunktion in der Zeit ist. Für den täglichen Gebrauch wollen wir aber nicht immer mit Winkelfunktionen rechnen, sondern wir wollen die Netzspannung mit einer Kennzahl beschreiben (oder mit zwei: Spannung und Frequenz). Dadurch wollen wir auch Wechselspannungen mit verschiedener Frequenz und verschiedener Kurvenform (Sinus, Rechteck, Sägezahn…) miteinander vergleichbar machen. Die Aufgabe ist also, einen komplexen zeitlichen Verlauf mit wenigen Parametern zu beschreiben. Dies ist möglich, wenn der Zeitverlauf periodisch ist.

In Tabelle 2.1. sind mehrere Möglichkeiten aufgeführt die Spannung eines periodischen Signals anzugeben. Die beiden wichtigen sind der Gleichrichtwert und der Effektivwert. Der lineare Mittelwert verschwindet, also ist er kein sinnvolles Maß. Gleichrichtwert und Effektivwert sind beide sinnvolle Masse. In der Messtechnik wird meist der Effektivwert eingesetzt. Er ist definiert als die Wurzel aus dem zeitlichen Integral über das Quadrat des Momentanwerts. Der englische Term gibt diese Definition genau wieder: RMS steht für Root-Mean-Square = Wurzel aus der Mittelung des Quadrats. Messgeräte für den Effektivwert bezeichnet man als RMS Messgeräte.

Warum verwenden wir den Effektivwert und nicht den Gleichrichtwert? Die Frage ist: welche Definition ist besser geeignet, Spannungsverläufe mit verschiedener Kurvenform zu vergleichen? Vergleichen – aber bezüglich was? Die Antwort ist: zwei Wechselspannungen sollen als gleich gelten, wenn sie gleiche Wirkungen hervorrufen. Die Wirkung ist aber meist quadratisch mit der Spannung verknüpft, wie zum Beispiel bei der Leistung der Jouleschen Wärme: $P = U^2/R$. In diesem Fall wird also die gleiche Wirkung am besten durch das quadratische Maß des Effektivwerts beschrieben.

Tabelle 2.1: Definitionen zur Charakterisierung von Wechselspannungen	
Allgemein	Für Sinusschwingungen $u(t) = \hat{u}\sin(\omega t)$
Linearer Mittelwert: $$\overline{u} = \frac{1}{T}\int_0^T u(t)\,dt$$	$$\overline{u} = 0$$
Gleichrichtwert $$|\overline{u}| = \frac{1}{T}\int_0^T |u(t)|\,dt$$	$$|\overline{u}| = \frac{2}{\pi}\hat{u} = 0,637\,\hat{u}$$
Effektivwert $$U = \sqrt{\frac{1}{T}\int_0^T u^2\,dt}$$	$$U = \frac{1}{\sqrt{2}}\hat{u} = 0,71\hat{u}$$
Scheitelfaktor: Scheitelwert/Effektivwert $Scheitelfaktor = \hat{u}/U$	1,41
Formfaktor: Effektivwert/Gleichrichtwert $Formfaktor = U/|\overline{u}|$	1,11

Die anderen Definitionen haben auch ihre Berechtigung. Der Scheitelwert $\hat{u}$ ist die maximale Spannung im Kurvenverlauf. Er ist wichtig aus Sicherheitsgründen: auf diese Spannung müssen wir die Bauteile auslegen. Der Gleichrichtwert ist einfach zu messen, z.B. mit Drehspulgeräten. Das Verhältnis von Scheitelwert, Gleichrichtwert und Effektivwert ist für jede Kurvenform anders. Dies charakterisiert man durch die Kennzahlen „Formfaktor" und „Scheitelfaktor", die in Tabelle 2.1. definiert sind.

Thermische RMS-Messung
Wie misst man den Effektivwert? Bei alten Drehspulgeräten wurde der Gleichrichtwert gemessen und dann mit dem Formfaktor multipliziert. Bei neuen Digitalmultimetern misst man den Momentanwert mit hoher Zeitauflösung und rechnet dann den Effektivwert aus. Das wird bei hohen Frequenzen sehr aufwändig. In der Nachrichtentechnik braucht man Hochfrequenzmessgeräte, z.B. um die

Ausgangsspannung und Leistung eines Senders zu bestimmen. Dazu verwendet man oft die thermische RMS Messung. Die Spannung heizt einen Widerstand. Die Temperaturerhöhung ist proportional zur Leistung bzw. zum Quadrat des RMS Spannungswertes. Um Nichtlinearität und Temperaturgang zu kompensieren, wird ein zweiter baugleicher Widerstand mit Gleichstrom auf die gleiche Temperatur geheizt und die dafür nötige DC Spannung gemessen. Man nennt dies einen Wechselstrom/Gleichstrom Komparator.

Messung der Leistung bei Wechselstrom
Auch hier besprechen wir im Wesentlichen Definitionen. Die konkrete Messung geschieht, indem man Ströme und Spannungen zeitaufgelöst digitalisiert und dann nach der Definition rechnet.

Komplexe Rechnung für Wechselstrom
$$\underline{U}(t) = U e^{j\varphi_U} \qquad\qquad \underline{I}(t) = I e^{j\varphi_I} \qquad\qquad (2.20)$$

Die Unterstreichung kennzeichnet komplexe Werte.

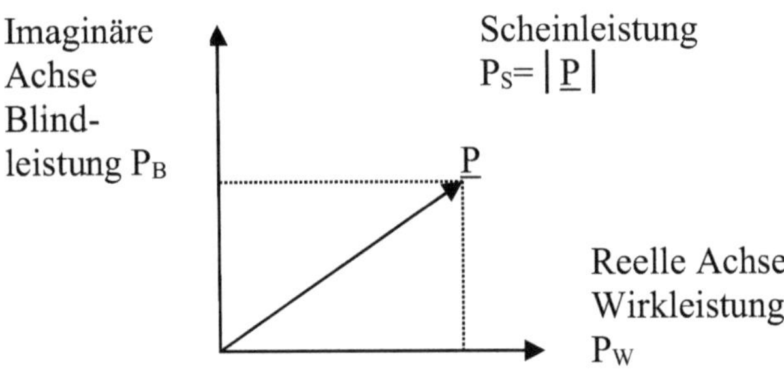

Bild 2.13: Zusammenhang zwischen Wirkleistung, Blindleistung und Scheinleistung

Komplexe Leistung:

$$\underline{P} = \underline{U} \cdot \underline{I}^* = U e^{j\phi_U} \cdot I e^{-j\phi_I} = U \cdot I e^{j\phi_{UI}} = U \cdot I (cos\phi_{UI} + j\, sin\phi_{UI})$$

$mit\ \phi_{UI} = \phi_U - \phi_I$

$$|\underline{P}| = \sqrt{Re(\underline{P}) + j\, Im(\underline{P})}$$

$Re(\underline{P}) = U \cdot I\, cos\phi_{UI} = P_W$ Wirkleistung

$Im(\underline{P}) = U \cdot I\, sin\phi_{UI} = P_B$ Blindleistung

$|\underline{P}| = U \cdot I = P_S$ $\qquad\qquad$ Scheinleistung $\hfill$ (2.21)

Messung:
- In der Regel werden die einzelnen Ströme und Spannungen AD-gewandelt. Die phasengenaue Multiplikation wird dann digital vorgenommen.
- Das elektrodynamische Messgerät ist ein Drehspulgerät, bei dem der Permanentmagnet durch einen Elektromagnet ersetzt wird. Die gemessene Spannung wird an diesen Elektromagnet angelegt, der Strom an die Drehspule. Damit wird das Produkt von Strom und Spannung gemessen, also die Wirkleistung. Wenn man mit einem Kondensator die Phase eines Anschlusses um 90° schiebt, kann man entsprechend auch die Blindleistung messen.

Um in Drehstromnetzen Leistung zu messen, kann man mehrere elektrodynamische Messgeräte und Phasenschieber kombinieren. Durch die digitale Messtechnik ist es einfacher geworden: man digitalisiert alle Spannungen und Ströme und rechnet die Leistung digital aus.

Wissensfragen:

- Warum messe ich Spannung hochohmig und Strom niederohmig?
- Erklären Sie den thermoelektrischen Effekt
- Wie funktioniert ein Thermopile zur Messung von Wärmestrahlung?
- Zeichnen Sie ein Thermopile im Querschnitt.
- Erklären Sie den Hall-Effekt.
- Welches Material zeigt eine größere Hall-Spannung: Metall oder Halbleiter? Warum?
- Was misst die Lambda Sonde und wie funktioniert sie?
- Erklären Sie die Begriffe Empfindlichkeit, Auflösung und Genauigkeit.
- Wie entsteht das thermische Rauschen?
- Wie lautet die Nyquist-Formel?
- Was ist NEP und welche Dimension hat sie?
- Wie kann man das Rauschen verringern?
- Wie funktioniert das Lock-In Verfahren und welche Vorteile hat es?
- Was ist ein Effektivwert?
- Was ist ein Formfaktor?

Denkfragen   **?**

2.1   Systematischer Fehler - Temperatur

Sie wollen in einer Außeninstallation die Temperatur eines Aggregats messen. Sie schließen über eine Kupferleitung von 2*50m Länge ein Pt100 an. Der Leitungswiderstand ist 70 mΩ/m.

Temperaturkoeffizient $\alpha_{Cu} = \alpha_{Pt} = 0,004$/K.
Sie eichen durch ein zweites Thermometer am Aggregat bei zwei Temperaturen (außer Betrieb und in Betrieb).
Welcher Fehler entsteht durch den Temperaturunterschied Sommer/Winter?
Ein sparsamer Kollege sagt: 1mm ist für 10 A, das braucht man hier nicht. Nimm doch 0,25 mm. Geht das gut?

Antwort:
Der Leitungswiderstand ist $R_{\text{Leitung}} = 100\ \text{m} \cdot 0,07\ \Omega/\text{m} = 7\ \Omega$.

Nehmen wir an, der Temperaturunterschied Sommer/Winter ist dT = 20 °C.

Dann ändert sich der Leitungswiderstand um
$dR = R_{\text{Leitung}}\ \alpha_{Cu}\ dT = 7\Omega \cdot 0,004/°C \cdot 20\ °C = 0,56\ \Omega$.

Es entsteht ein Messfehler von

$dT = dR /(R_0\ \alpha_{Pt}) = 0,56\ \Omega\ /(100\ \Omega\ \text{x}\ 0,004/°C) = 1,4\ °C$

Ein dünner Draht funktioniert nicht! R_{Leitung} erhöht sich um den Faktor 16, also erhöht sich auch der Fehler um den Faktor 16: Messfehler dT = 1,4 °C x 16 = 22 °C!

?   2.2   Systematischer Fehler – Spannung

Ich habe ein Voltmeter:
Messbereich 0…5 V
Klasse 1 (Die maximale Abweichung ist 1% des Skalenendwerts)
Innenwiderstand 100 kΩ

Ich messe damit die Spannung einer 1,5 V Knopfzelle mit einem Innenwiderstand von 100 Ω.

Wie groß ist der systematische Fehler durch die Tatsache, dass der Innenwiderstand des Messgeräts nicht unendlich ist?
Spielt dieser Fehler eine Rolle?

Antwort

Der Strom bei 1,5 V und 100 kΩ ist I = 15 µA.
Dadurch entsteht an 100 Ω ein Spannungsabfall von U = 1,5 mV.
Klasse 1 entspricht dU = 1% von 5 V = 50 mV.
Der Spannungsabfall am Innenwiderstand der Quelle ist also im Rahmen der Messgenauigkeit vernachlässigbar.

2.3 Systematischer Fehler – Strom

Sie betreiben ein Heizelement bei 3 V, 10 A. Sie wollen den Strom mit einem Multimeter nachmessen. Das Multimeter hat einen 10 A Strombereich, für den eine Genauigkeit von 2,5% angegeben ist. Der kleinste Spannungsbereich ist 200 mV.

- Wie groß ist der Shunt im Multimeter?
- Muss man einen systematischen Fehler berücksichtigen?
- Was sollte man dringend noch berücksichtigen?

Antwort

Der Shunt ist R = U/I = 0,2 V / 10 A = 0,02 Ω.

Der Heizer hat einen Widerstand von R = U/I = 3V/10 A = 0,3 Ω.

Ohne Messgerät I = 3 V/0,3 Ω = 10 A

Mit Messgerät I = 3 V/0,32 Ω = 9,375 A

Durch das Messgerät erhöhe ich den Widerstand um 6,6% und verfälsche also den Strom nach unten. Das ist deutlich mehr als die 2,5% Ungenauigkeit des Messgeräts und kann also nicht vernachlässigt werden.

Was man dringend beachten muss: Nur einige Sekunden lang messen! Am Shunt fallen 2 Watt Leistung ab. Das Multimeter überhitzt schnell!

? 2.4   Stromkompensation

Bei der Messung des Stroms nach Bild 2.14 fallen am Messgerät eine Spannung und damit eine Leistung ab. Der Messwert wird beeinflusst. Es handelt sich nicht um eine ideale Stromsenke.

Bei der Spannungsmessung konnte man das Problem der Beeinflussung durch Spannungskompensation beheben. Kann man das auch bei der Strommessung tun? Wie muss eine Schaltung zur Stromkompensation aussehen?

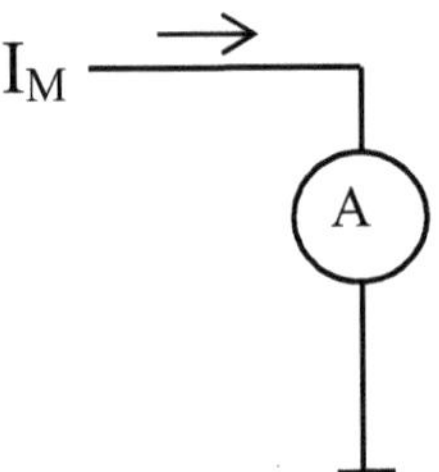

Bild 2.14: Strommessung

Antwort

Wir zerlegen den Vorgang der Spannungskompensation in Einzelschritte:

1. Wir wollen die Klemmenspannung U_M einer Spannungsquelle hochohmig messen.
2. Wir erzeugen eine Vergleichsspannung U_V und verbinden sie mit U_M.
3. Wenn in dieser Verbindung kein Strom fließt, dann ist $U_M = U_V$.

Bei der Stromkompensation gehen wir analog vor:
1. Wir wollen den Kurzschlussstrom I_M einer Stromquelle niederohmig messen.
2. Wir erzeugen einen Vergleichsstrom I_V und verbinden ihn in einem
   Knoten mit I_M.
3. Wenn sich in diesem in diesem Knoten das Massepotential einstellt, dann ist $I_M = I_V$.

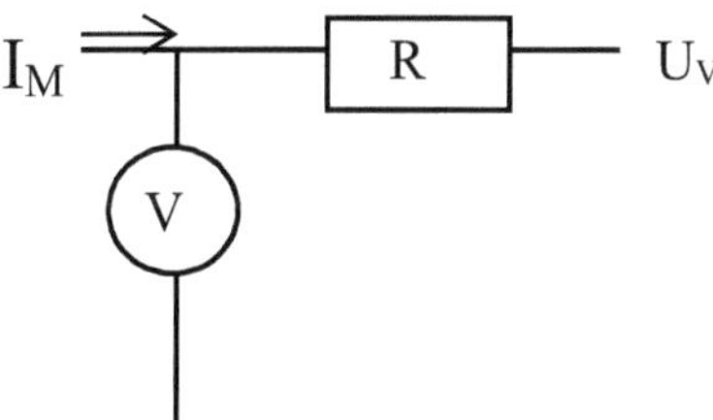

Bild 2.15: Stromkompensation

Eine mögliche Realisierung zeigt Bild 2.15: Wir erzeugen den Vergleichsstrom durch den Widerstand R und die Vergleichsspannung U_V. Die Spannung wird zu null, wenn

$$U_V = -RI_M$$

Es handelt sich um eine ideale Stromsenke. Der Unterschied ist aber, dass wir bei Bild 2.15 den Strom messen können, da wir die Spannung U_V kennen. In Wirklichkeit fließt gar kein Strom zur Masse hin ab, sondern wir saugen über den Widerstand genau den Strom ab, den die Quelle bereitstellt. Natürlich wollen wir nicht per Hand abgleichen. Wir brauchen also eine Elektronik, die U_V automatisch bereitstellt. Diese werden wir in Kapitel 3 mit einem Operationsverstärker realisieren (3.3: Inverter).

? 2.5 Fotodiode

Sie wollen das Restlicht in einer Dunkelkammer mit einer Fotodiode messen. Am Vielfachmessgerät haben Sie die Wahl zwischen Spannungsmessbereich und Strommessbereich.
Zeichnen Sie in das Kennlinienfeld ein, welche Linie Sie jeweils abscannen.
Was ist der Unterschied der Messungen?
Was ist die bessere Wahl?

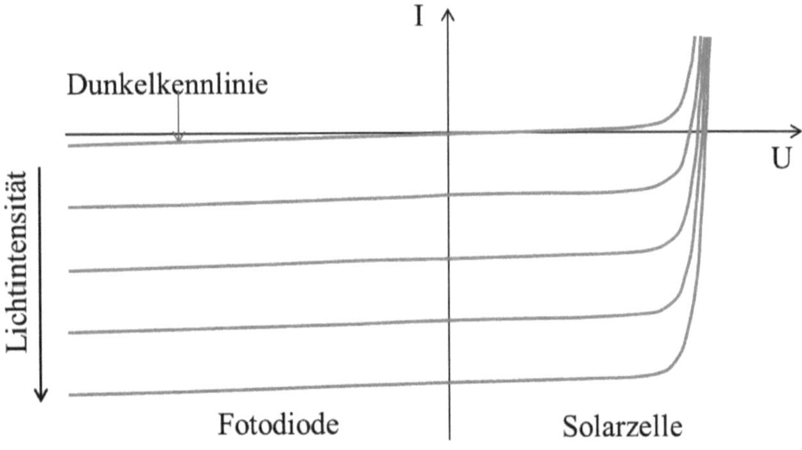

Bild 2.16: Kennlinien einer Fotodiode

Antwort:

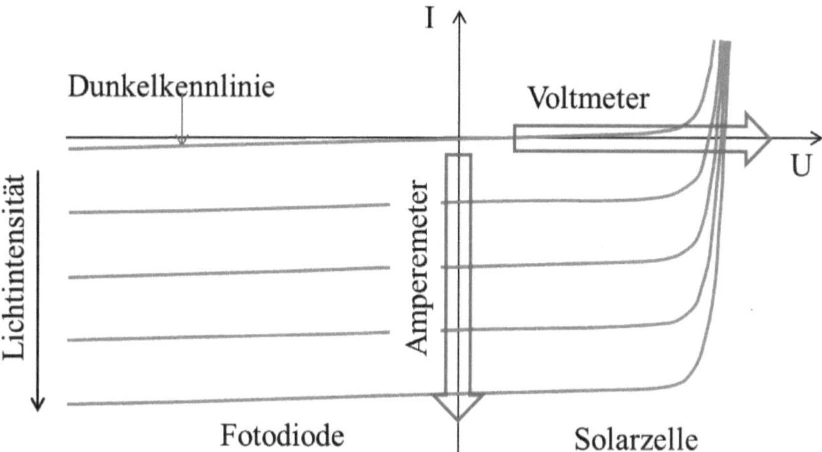

Bild 2.16-B: Kennlinien einer Fotodiode

Ein Voltmeter misst hochohmig, also bei I=0; Die Messung der Leerlaufspannung scannt also waagrecht im Kennlinienfeld. Die Kurve ist stark nichtlinear, das erkennt man an den gegen Ende eng zusammengedrängten Kennlinien.

Ein Amperemeter ist niederohmig, also U=0; Gemessen wird der Kurzschlussstrom, senkrecht im Kennlinienfeld. Der gemessene Strom steigt linear mit der Einstrahlung.

Die Strommessung ist also die bessere Wahl.

2.6   Thermoelement - Flamme

Wir wollen die Temperatur in einer Propan-Luft-Flamme bestimmen.
Dazu verwenden wir ein Thermoelement für hohe Temperaturen:
Typ B: PtRh30% - PtRh6%
Zum Kalibrieren messen wir die Thermospannung zwischen
Eiswasser (0 °C) und
schmelzendem Silber (962 °C)
und finden U_{Ag} = 4,48 mV.

In der Flamme messen wir:
U_{Flamme} = 12,4mV
Welche Temperatur hat die Flamme?

Ist das Ergebnis glaubwürdig?

Antwort

Wenn man linear rechnet, dann ergibt sich eine Temperatur

T_{Flamme} = 962 °C * 12,4 mV/4,48 mV = 2662 °C.

Sicher viel zu hoch!

Der Literaturwert für die Verbrennungstemperatur ist 1925 °C für T Propan-Luft.
Pt schmilzt bei 1768 °C.

Welche Fehlerquellen gibt es?

1) Nichtlinearität
Eine Tabelle auf http://thermocoupleinfo.com/type-b-thermocouple.htm
 gibt an:
962 °C: 4,484 mV
1697 °C: 12,4 mV

Bild 2.17 zeigt den Kurvenverlauf. Der nichtlineare Term überwiegt.

Man darf nicht über einen so großen Bereich linear extrapolieren!

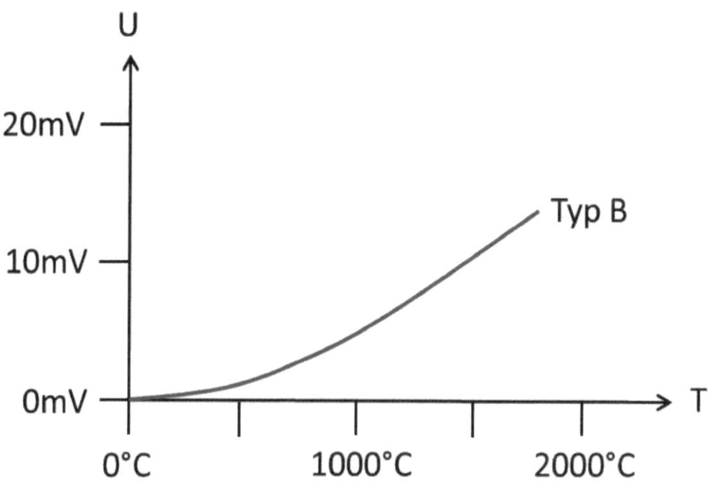

Bild 2.17: Charakteristik eines Thermoelements Typ B (PtRg30% - PtRh6%)

Der Wert von 1697 °C ist bereits realistischer, aber deutlich zu niedrig. Es muss Effekte geben, die bewirken, dass das Thermopile nicht so heiß wird wie die Flamme:

2) Immersionsfehler
Die Wärmeleitung im Draht nach außen ist gut. Der Wärmeübergang zwischen dem Thermoelement und dem heißen Gas ist nicht so gut. Also liegt die Temperatur des Thermoelements zwischen der des heißen Gases und der Außentemperatur.

3) Strahlung
Das glühende Thermoelement gibt durch Strahlung mehr Wärme ab als es empfängt. Es besteht also kein Strahlungsgleichgewicht zwischen dem heißen Gas und dem Sensor. Also ist das Thermoelement kälter als das Gas.

 ## 2.7   Membransensoren

Für die Thermopiles wurde eine Technologie entwickelt, die auf einer Membran aus dünnem Siliziumnitrid Strukturen in zwei Ebene (Polysilizium und Metall) integriert. Aus diesen beiden Schichten kann man Thermoelemente machen, man kann aber auch Heizwiderstände realisieren. Diese Technologie ermöglicht eine Fülle von Sensoren für verschiedene Anwendungen. Überlegen Sie, wie Membransensoren eingesetzt werden können für:

- Strömungsgeschwindigkeit und Durchfluss

- Gassensoren

- Fallen Ihnen weitere Anwendungen ein?

Antwort:

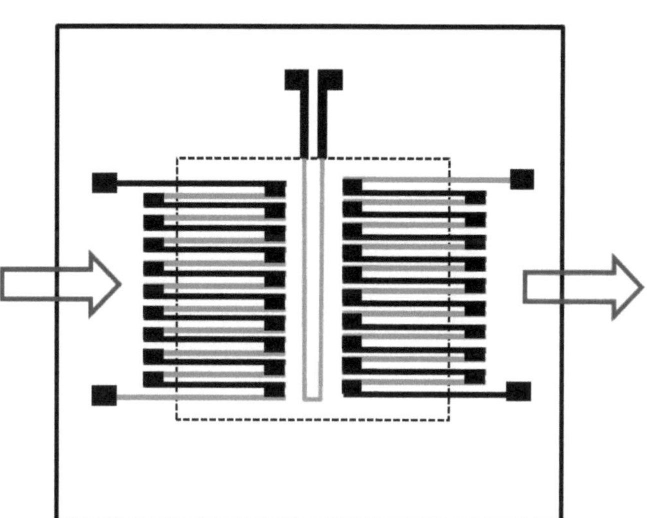

Bild 2.18: Strömungssensor. In der Mitte ein Heizer aus Polysilizium.
Rechts und links Thermopiles

Beim thermischen Strömungssensor wird der Chip in der Mitte durch einen Widerstand aus Polysilizium geheizt. Stromauf und stromab befinden sich zwei Thermopiles. Ohne Strömung ist das Temperaturprofil symmetrisch und die Thermospannungen sind gleich. Mit Strömung wird ein wenig Wärme vom Heizer auf das Thermopile stromab vertragen, die Thermospannungen werden dann unterschiedlich. Eingesetzt werden diese Sensoren z.B. im Auto zur Messung der Luftmenge, die der Motor einsaugt, zur Messung des momentanen Benzinverbrauchs sowie in der Biotechnologie zur Quantifizierung kleiner Flüssigkeitsmengen.

Eine Methode zur Gassensorik ist der Wärmeleitfähigkeitssensor in Bild 2.19. Der Messfleck wird elektrisch beheizt. Die dadurch erreichte Temperatur wird bestimmt durch die Geometrie und durch den Wärmeübergang von der Membran in das umgebende Gas. Dieser Wärmeübergang wiederum wird bestimmt durch die Wärmeleitfähigkeit des Gases. Wenn man die Wärmeleitfähigkeit der einzelnen

? Komponenten eines Gasgemisches kennt, kann man also aus der Temperatur der Membran auf die Zusammensetzung des Gasgemisches schließen. Das Verfahren ist sehr gut geeignet, um Gemische aus zwei bekannten Gasen (z.B. Helium in Luft) zu trennen.

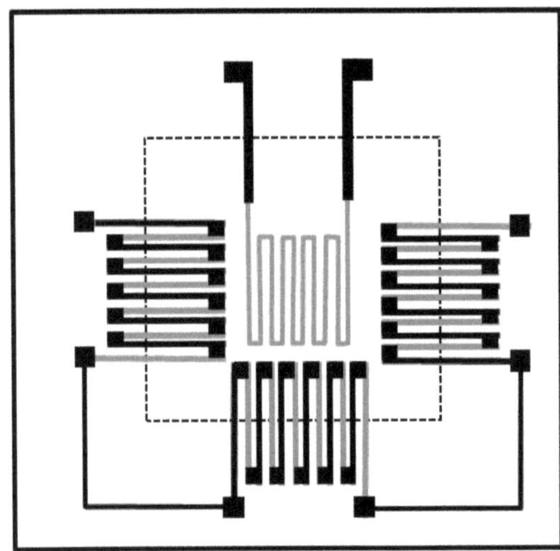

Bild 2.19: Struktur für Wärmeleitfähigkeitssensor und Pellistor

Der Messfleck wird mit einem Widerstand aus Polysilizium beheizt.

Die Temperatur des Messflecks wird mit Thermopiles gemessen.

In der Sicherheitstechnik will man oft brennbare Gase messen, wie z.B. Methan im Bergbau, Erdgas in Energieanlagen oder Wasserstoff bei Brennstoffzellen. Dies kann man mit einem katalytischen Gassensor (Pellistor) tun. Der Dünnschichtpellistor sieht aus wie der Wärmeleitfähigkeitssensor, nur ist der Messfleck mit einem Film aus Platin beschichtet, der katalytisch wirkt. Man heizt diesen in Luft mit einer Leistung P auf eine Temperatur T_0. Wenn nun ein wenig Wasserstoff in der Luft ist, dann wird dieser am Katalysator chemisch umgesetzt, es entsteht eine Verbrennungswärme, und die Temperatur wird erhöht auf T_1. Aus der Differenz $dT=T_1-T_0$ wird die Konzentration des Wasserstoffs berechnet.

Weitere Ideen? Man kann die Struktur aus Bild 2.19 auch als Taupunktspiegel einsetzen um die Luftfeuchtigkeit zu messen. Dazu kühlt man die Struktur mit einem Peltierelement, bis die Membran beschlägt. Nun heizt man elektrisch auf. Das Verdampfen des Beschlags erkennt man als charakteristischen Knick in der Aufheizkurve.

2.8   Thermoelement – Rauschen

Sie wollen ein Thermoelement als Temperatursensor herstellen. Sie haben 3 Drähte aus Platin, Kupfer und Eisen. Alle Drähte sind gleich lang und gleich dick.

Material	Spezifischer Widerstand 10^{-6} Ωm	Seebeck Koeffizient mV/100K
Pt	0,1	0
Cu	0,017	0,7
Fe	0,1	1,9

Welche der möglichen Kombinationen liefert das beste Signal-Rausch Verhältnis?

Antwort:
Signal/Rauschen = SR = $U_{Seebeck}/U_{Rauschen}$

$$SR \propto \frac{k_{12}}{\sqrt{\rho_1 + \rho_2}}$$

$$Pt\text{-}Cu: \quad SR \propto \frac{0,7}{\sqrt{0,117}} = 2,0$$

$$Pt\text{-}Fe: \quad SR \propto \frac{1,9}{\sqrt{0,2}} = 4,25$$

$$Cu\text{-}Fe: \quad SR \propto \frac{1,2}{\sqrt{0,117}} = 3,5$$

Also: Pt – Fe ist am besten: Größter Seebeckkoeffizient. Die gute Leitfähigkeit von Kupfer kommt nicht zum Tragen, da der Widerstand nur unter der Wurzel eingeht.

 ## 2.9   Impedanzanpassung

Bei der Herleitung des thermischen Rauschens argumentieren wir:
Das Rauschen wird als Spannungsquelle U_R mit dem Innenwiderstand R betrachtet.
Die maximale externe Leistung wird bei einem externen Widerstand von $R_e = R_i$

entnommen und ist $P_R = \dfrac{U_N^2}{4R}$.   Leiten Sie diesen Zusammenhang her.

Antwort

Nyquist betrachtet den Widerstand als eine Spannungsquelle U_R mit Innenwiderstand R_i (Bild 2.20). Die äußere Beschaltung hat einen Widerstand R_e. Wie groß muss R_e sein, damit wir maximal mögliche Leistung P entnehmen können? Diesen Punkt bezeichnen wir als die beste Impedanzanpassung.

Die äußere Leistung ist $P = U_M \cdot I$

$$I = \frac{U_R}{R_i + R_e} \qquad\qquad U_M = U_R \frac{R_e}{R_i + R_e}$$

$$P = \frac{U_R^2 R_e}{(R_i + R_e)^2}$$

Zur Ermittlung des Maximums berechnen wir dP/dR=0
Wir verwenden die Ableitungsregel

$$\left(\frac{a}{b}\right)' = \frac{a'b - ab'}{b^2}$$

$$a = U_R^2 R_e \qquad\qquad b = (R_i + R_e)^2$$

$$\frac{dP}{dR_e} = 0 = U_R^2 \frac{(R_e + R_i)^2 - 2R_e(R_i + R_e)}{(R_i + R_e)^4}$$

$$(R_e + R_i)^2 = 2R_e(R_i + R_e)$$
$$R_e = R_i$$

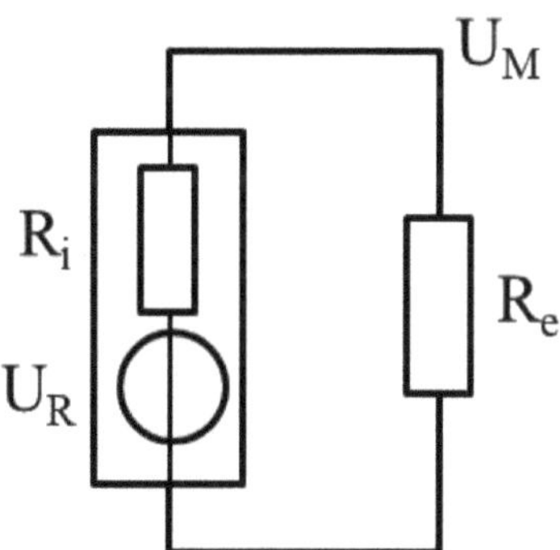

Bild 2.20: Externe Leistung
einer Spannungsquelle U_R

Wie groß ist die externe Leistung dann?

$$P = \frac{U_R^2 R_e}{(R_i + R_e)^2} = \frac{U_R^2}{4R_i}$$

Anschauliche Erklärung: Ist der äußere Widerstand sehr hoch, dann fällt zwar die ganze Spannung außen ab, aber der Strom verschwindet und damit die Leistung. Ist der äußere Widerstand sehr klein, dann fließt Strom, aber es fällt außen keine Spannung ab, also auch keine Leistung. Dazwischen muss es ein Maximum geben.

 **2.10 Formfaktor**

Betrachten Sie eine Rechteckschwingung:
Amplitude: -1V … 1V
Tastverhältnis = 1:1
Wie groß ist der Gleichrichtwert?
Wie groß ist der Effektivwert?
Wie groß ist der Formfaktor?

Antwort:

Gleichrichtwert

$$|\overline{u}| = \frac{1}{T}\int_0^T |u(t)|\,dt = 1V$$

Effektivwert

$$U = \sqrt{\frac{1}{T}\int_0^T u^2\,dt} = \sqrt{\frac{1}{T}\left(1V^2\frac{T}{2} + 1V^2\frac{T}{2}\right)} = 1V$$

Formfaktor: Effektivwert/Gleichrichtwert

$$Formfaktor = U\,/\,|\overline{u}| = 1{,}0$$

Unterschied der Schwingungsformen: Bei Sinus ist der Formfaktor = 1,11

3. Messverstärker

3.1. Operationsverstärker

Welche Eigenschaften erwarten wir von einem idealen Messverstärker?
1. Keine Rückwirkung auf Messgröße:
    Bei Spannungseingang: Eingangswiderstand sehr hoch
    Bei Stromeingang: Eingangswiderstand verschwindet
2. Verstärkung einstellbar, stabil, nicht temperaturabhängig, linear
3. Keine Rückwirkung bei ausgangsseitiger Belastung
    Kleiner Ausgangswiderstand bei Spannungsausgang
4. Gute Auflösung: wenig Rauschen, geringe Fehler
5. Große Bandbreite = Arbeitet DC bis zu hohen Frequenzen.

Die Halbleitertechnik liefert Operationsverstärker (OpAmp), das sind Differenz-verstärker mit großer Verstärkung von 10.000 bis 1.000.000, aber diese Verstärkung ist temperaturabhängig und unterliegt einer Exemplarstreuung.

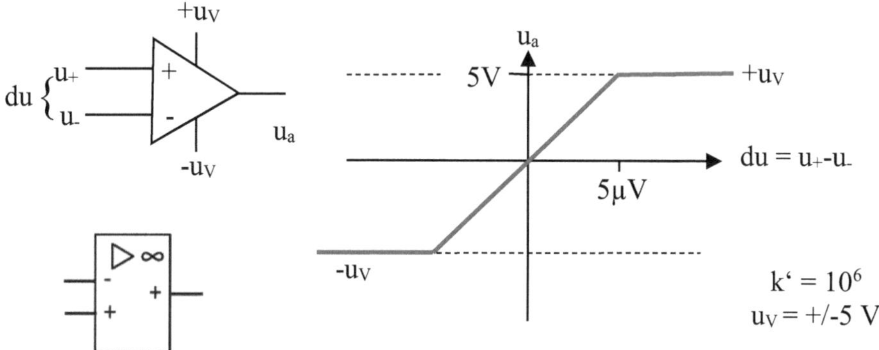

Bild 3.1: Schaltzeichen und Kennlinie eines Operationsverstärkers. Links oben das gängige Schaltzeichen, darunter ein neues Schaltzeichen, das sich aber nicht durchgesetzt hat. Rechts die Kennlinie.

Der OpAmp wird als Dreieck dargestellt mit zwei Eingängen u_+ und u_- (manchmal auch u_p und u_n). Um positive und negative Signale verstärken zu können benötigt er positive und negative Spannungsversorgung: $-u_V$, 0, $+u_V$.

Er erzeugt eine Ausgangsspannung, die proportional zur Differenz der Spannungen an den beiden Eingängen ist:

$$u_a = k'(u_+ - u_-) \qquad (3.1)$$

Die innere Verstärkung k' ist groß, typisch k' = 10^6.

Durch die große Verstärkung geht der OpAmp schnell in Sättigung bei der positiven oder negativen Versorgungsspannung. Beachten Sie die Achsen: Der lineare Bereich in Bild 3.1 beträgt eingangsseitig nur +/- 5µV! Wären die Achsen gleich skaliert, dann wäre der lineare Bereich innerhalb der Strichbreite, wir würden also eine Sprungfunktion sehen.

Um die Exemplarstreuung und den Temperaturgang zu kompensieren, verwenden wir den OpAmp in einem <u>gegengekoppelten</u> System. Dabei wird ein Teil der Ausgangsspannung zurückgeführt und von der Eingangsspannung abgezogen, wie es Bild 3.2 zeigt.

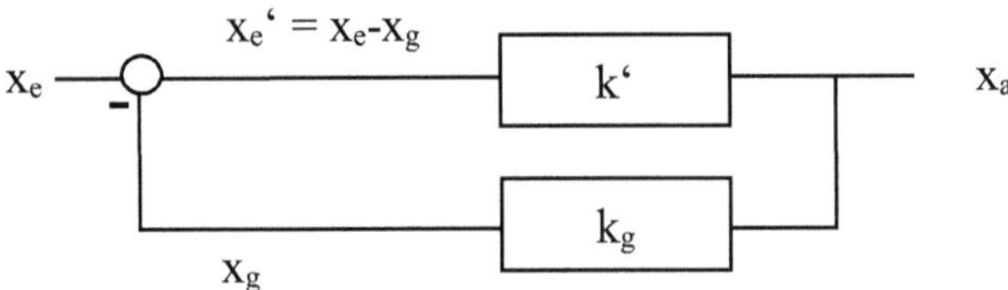

Bild 3.2: Gegenkopplung
Ein Teil der Ausgangsspannung wird zurückgeführt und
von der Eingangsspannung abgezogen: $x'_e = x_e - x_g$.

Konvention: gestrichene Größen beziehen sich auf den „nackten" Verstärker.

k' = Verstärkung des „nackten" Verstärkers: $k' = \dfrac{x_a}{x'_e}$ (3.2)

Nicht gestrichene Größen beziehen sich auf das System.

k = Verstärkung des Systems: $k = \dfrac{x_a}{x_e}$ (3.3)

k_g = Verstärkung des Gegenkopplungszweiges: $k_g = \dfrac{x_g}{x_a}$ (3.4)

Mit $x_e = x'_e + x_g$ finden wir

$$k = \frac{x_a}{x_e} = \frac{k' x_e'}{x'_e + x_g} = \frac{k' x'_e}{x'_e + k_g k' x'_e} = \frac{k'}{1 + k' k_g} = \frac{1}{\dfrac{1}{k'} + k_g};$$ (3.5)

Die Gegenkopplungsverstärkung ist in der Regel kleiner als 1, man zieht also einen Teil der Ausgangsspannung von der Eingangsspannung ab. Das kann man passiv durch Widerstände realisieren. Die interne Verstärkung k' ist sehr groß. Wird sie näherungsweise als unendlich angenommen, so spricht man von einem <u>idealen Operationsverstärker</u>.

Idealer OpAmp: Verstärkung k' sehr groß, also 1/k' sehr klein:

$$\frac{1}{k'} \approx 0 \quad \rightarrow \quad k = \frac{1}{\dfrac{1}{k'} + k_g} \approx \frac{1}{k_g}$$ (3.6)

3.2 Grundschaltung 1: Nichtinverter

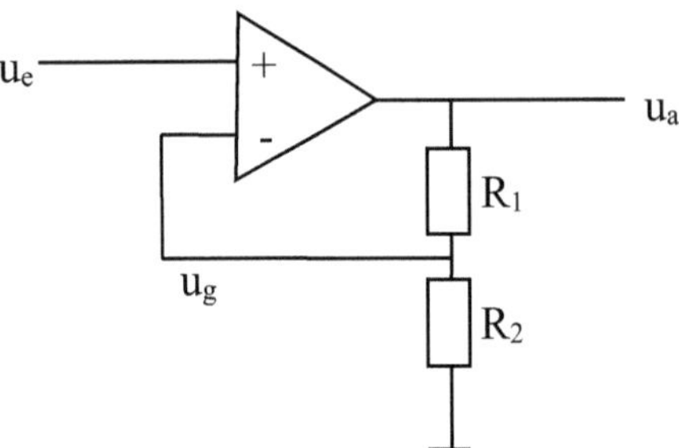

Bild 3.3: Grundschaltung 1:
Der Nichtinverter

Ein anderer Name ist
Elektrometerverstärker.

Die Verstärkung wird rein passiv durch einen Spannungsteiler eingestellt. Dadurch werden der Einfluss der Exemplarstreuung und des Temperaturgangs der inneren Verstärkung k` beseitigt.

$$k = \frac{u_a}{u_e} = \frac{1}{k_g} = \frac{R_1 + R_2}{R_2} = \frac{R_1}{R_2} + 1 \tag{3.7}$$

Ideale OP-Schaltungen werden mit Hilfe der folgenden zwei **Grundregeln** analysiert:

I: Eingangspotentiale gleich: Die Gegenkopplung stellt die Spannungen so ein, dass die beiden Eingänge auf gleichem Potential liegen: u+ = u-.

Warum sind die Eingangspotentiale gleich? Man kann die Gegenkopplung als Regelkreis verstehen, der die beiden Eingänge auf gleiches Potential regelt. Beispiel: $R_1 = R_2$, also Verstärkung k = 2. Ich lege eine Eingangsspannung von U_e=1 V an. Am Ausgang liegen U_a=2 V. Was passiert, wenn die Ausgangsspannung sich von 2 V entfernt? Angenommen, die Ausgangsspannung sinkt leicht unter 2 V ab. Dann sinkt auch die Gegenkopplungsspannung auf <1 V. Jetzt ist also u+ > u- und der Verstärker erhöht entsprechend die Ausgangsspannung, bis sich wieder 2 V einstellen. Umgekehrt, wenn die Ausgangsspannung über 2V ansteigt, dann wird u+ < u-, der

Verstärker senkt die Ausgangsspannung, und es stellen sich wieder 2 V am Ausgang ein. Dies ist ein <u>stabiles Gleichgewicht</u>: Ausgang zu hoch → Korrektur nach unten; Ausgang zu niedrig → Korrektur nach oben.

II: Kein Eingangsstrom: Da kein Potentialunterschied vorhanden ist, fließt auch kein Strom. Die Verstärkung des OpAmp ist so groß, dass der Eingangsstrom direkt in den Verstärker vernachlässigt wird. Auch ohne die Gegenkopplung ist der Eingangswiderstand des „nackten Verstärkers" im oberen $M\Omega$ Bereich oder im $G\Omega$ Bereich, also sehr hoch.

Die Schaltung ist ein Regelkreis, der die Gegenkopplungsspannung so regelt, dass sie gleich der Eingangsspannung ist. Das ist der Fall für

$$u_a = k u_e = (\frac{R_1}{R_2} + 1) u_e \qquad (3.8)$$

Dies gilt in idealer Näherung. Real sind die beiden Eingangspotentiale nicht genau gleich, vielmehr bleibt eine kleine Regelabweichung. Diese kann man berechnen aus der Ausgangsspannung und der inneren Verstärkung. Im Beispiel ergibt sich aus $u_a = 2$ V und $k` = 10^6$ ein Wert von $u`_e = 2$ μV. Der Trick der idealen Betrachtung ist, dass wir diesen Wert vernachlässigen und mit Grundregel 1 sagen: $u`_e = 0$. Das vereinfacht die Berechnung der Schaltungen erheblich. Wir dürfen nur nicht vergessen, dass wir hier eine Näherung gemacht haben.

Der Regelkreis kann nur arbeiten, wenn der Operationsverstärker die nötige Spannung auch bereitstellen kann. Wenn k=2 ist und ich 4 V an den Eingang gebe, dann sollten 8 V am Ausgang liegen. Bei einer Speisespannung +/-5 V steht diese Spannung aber nicht zur Verfügung. Dann geht der Verstärker in Anschlag bei +5 V. Die Regelung kann dann nicht mehr arbeiten. Dies geschieht auch, wenn man den OpAmp ohne Gegenkopplung betreibt und verschiedene Potentiale an die Eingänge gibt, z.B. u+ = 1 V, u- = 0.5 V. Aus $k` = 10^6$ ergibt sich eine Ausgangsspannung von 500000 V, die nicht machbar ist. Also geht der Verstärker in Anschlag bei +5 V. Diese Betriebsart nennt man <u>Komparator</u> (=Vergleicher) weil der Verstärker die beiden Eingänge vergleicht und mit einer 1-Bit Aussage antwortet: +5 V oder -5 V. Ein Komparator ist ein 1-Bit Analog-Digital-Wandler. Der Komparator-Betrieb des OpAmp ist die Grundlage für Analog-Digital Wandler und für manche Oszillatoren.

An dieser Stelle sollten wir zurückschauen auf Kapitel 2, die Messung von Spannungen. Ein Nichtinverter als Messverstärker ist ein Spannungsmessgerät, das das Kompensationsverfahren einsetzt: Die Ausgangsspannung wird so geregelt, dass die Klemmenspannungen gleich sind, daher fließt kein Strom und die Eingangsimpedanz wird (ideal betrachtet) unendlich hoch.

Anwendungsbeispiel: In Bild 3.4 wird der Nichtinverter als Konstantstromquelle verwendet. Der Ausgangsstrom I_a wird nur bestimmt durch R_2 und die Eingangsspannung U_e. Der Ausgangswiderstand R_a geht nicht ein. Es ist also eine Konstantstromquelle bezogen auf eine Änderung der Last. Vorsicht: Natürlich ist der Arbeitsbereich begrenzt. Wenn der Ausgangswiderstand zu groß wird, dann kann der Verstärker die Spannung nicht mehr bereitstellen und geht in Anschlag.

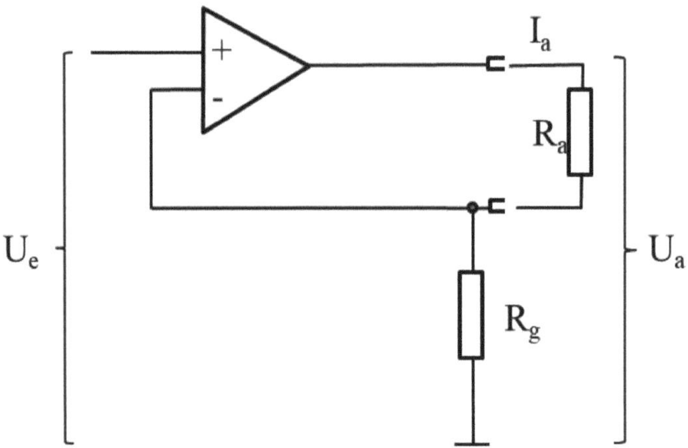

Bild 3.4: Der Nichtinverter als Konstantstromquelle

$$u_a = u_e \frac{R_a + R_g}{R_g}$$

$$u_a = I_a (R_a + R_g)$$

$$I_a = \frac{u_e}{R_g}$$

(3.9)

Eine wichtige Anwendung des Nichtinverters ist der Spannungsfolger oder Impedanzwandler in Bild 3.5 Er hat die Verstärkung k=1, aber er ist eingangsseitig hochohmig und ausgangsseitig mit Strom belastbar.

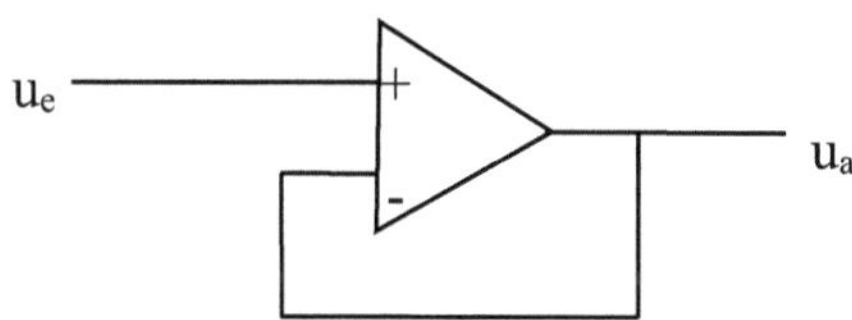

Bild 3.5: Der Spannungsfolger.

Die Ausgangsspannung wird auf die Eingangsspannung geregelt. Es ist ein Nichtinverter mit $R_1 = 0$ und $R_2 = \infty$, also $k = 1$ und $u_a = u_e$.

Vorteil: Eingangsseitig hochohmig. Ausgangsseitig mit Strom belastbar.
Diese Schaltung wird oft zur Entkopplung verwendet, z.B. vor AD-Wandlern.

Betrachten wir nun noch einmal unsere Wunschliste 1-5 vom Anfang des Kapitels: Eigenschaften, die wir von einem idealen Messverstärker wollen:

1. Keine Rückwirkung auf Messgröße: Eingangswiderstand hoch
    Erfüllt, in idealer Näherung verschwindet der Eingangsstrom

2. Verstärkung einstellbar, stabil, nicht temperaturabhängig, linear
    Erfüllt, die Verstärkung wird nur durch die passiven Widerstände definiert. Diese können wir einstellen, und sie sind stabil.

3. Keine Rückwirkung bei ausgangsseitiger Belastung
    Erfüllt, eine Strombelastung am Ausgang ändert die Ausgangsspannung nicht.

Zu Punkt 4 (Gute Auflösung: wenig Rauschen, geringe Fehler) und Punkt 5 (Große Bandbreite) können wir im Moment noch nichts aussagen.

3.3 Grundschaltung 2: Inverter

Wir betrachten zunächst den Inverter ohne Vorwiderstand mit nur mit einem Widerstand in der Gegenkopplung (Bild 3.6). Der positive Eingang des Operationsverstärkers ist geerdet, also auf das Potential 0 fixiert. Wir berechnen die Ausgangsspannung zunächst ohne die ideale Näherung:

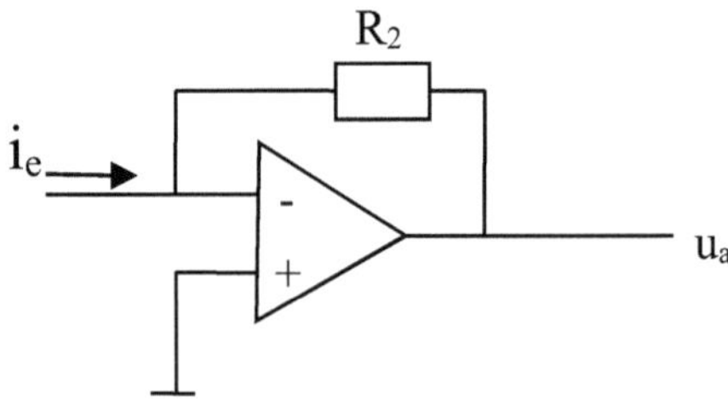

Bild 3.6: Grundschaltung II, der Inverter
ohne Vorwiderstand.

Der Eingang des OpAmps ist hochohmig, also fließt i_e komplett durch R_2.

$$u_a = k'(u_+ - u_-) = -k'u_e$$
$$u_e = u_a + i_e R_2 \tag{3.10}$$
$$u_a = -k'u_a - k'i_e R_2$$

$$u_a\left(\frac{1}{k'}+1\right) = -i_e R_2 \tag{3.11}$$

$$u_a = \frac{-i_e R_2}{1+\dfrac{1}{k'}}$$

Nun verwenden wir die ideale Näherung $1/k' \ll 1$:

$$u_a = -i_e R_2 \qquad\qquad (3.12)$$

Dieser Verstärker ist eine stromgesteuerte Spannungsquelle (Strom-Spannungs-wandler). Verstärker, die zwischen Strom und Spannung wandeln nennt man Transimpedanzverstärker.

Die Eingangsspannung ergibt sich in idealer Näherung aus den Gleichung (3.10) und (3.12) zu

$$u_e = u_a + i_e R_2 = -i_e R_2 + i_e R_2 = 0$$

In idealer Näherung verschwindet die Differenz der Klemmenspannungen, unsere Grundregel 1 gilt auch hier. Das bedeutet, dass die Eingangsspannung null sein muss. Es handelt sich also um eine ideale Stromsenke. Der Eingang wird geerdet, und der dabei fließende Strom wird gemessen. Der Transimpedanzverstärker realisiert eine Stromkompensation: Die negative Ausgangsspannung saugt über den Widerstand genau den eingehenden Strom ab, so dass das Eingangspotential zu null wird. Daher wird diese Schaltung auch als „Saugschaltung" bezeichnet. Sie ist gut geeignet, sehr kleine Ströme im Bereich von nA zu messen.

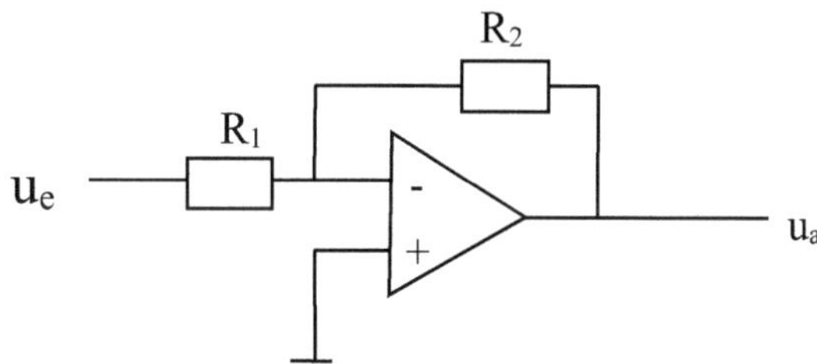

Bild 3.7: Grundschaltung II, der Inverter mit Vorwiderstand

Mit Vorwiderstand R_1 am Eingang (Bild 3.7) entsteht eine invertierender Spannung-Spannungsverstärker. Für diesen kann man wieder die Systemverstärkung k angeben:

$$i_e=\frac{u_e}{R_1}\;; \qquad\qquad i_e=-\frac{u_a}{R_2}$$

Dabei habe ich beide Grundregeln angewandt:
1. Die Klemmenspannungen sind gleich, also ist $u_- = 0$.
2. Es fließt kein Strom in den OpAmp, also fließt i_e durch beide Widerstände.

$$k=\frac{u_a}{u_e}=-\frac{R_2}{R_1} \qquad\qquad\qquad (3.13)$$

Da wir wissen, dass der Minuseingang auf Erdpotential liegen muss, können wir uns den Inverter wie in Bild 3.8 als einen Spannungsteiler vorstellen, dessen Mittenabgriff auf Massepotential geregelt wird. Dies veranschaulicht, warum der Ausgang ein anderes Vorzeichen haben muss als der Eingang.

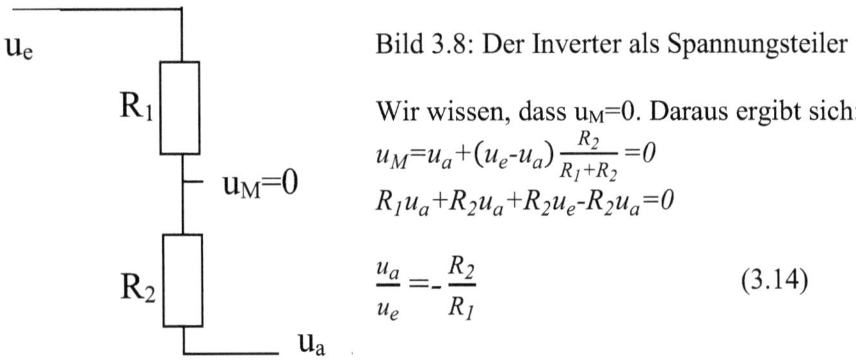

Bild 3.8: Der Inverter als Spannungsteiler

Wir wissen, dass $u_M=0$. Daraus ergibt sich:
$$u_M=u_a+(u_e-u_a)\frac{R_2}{R_1+R_2}=0$$
$$R_1u_a+R_2u_a+R_2u_e-R_2u_a=0$$

$$\frac{u_a}{u_e}=-\frac{R_2}{R_1} \qquad\qquad (3.14)$$

Anwendungen

Analoges Rechnen: Mit Operationsverstärkern kann man analoge Rechnungen durchführen. Dazu bringt man in die Gegenkopplung eine elektrische Funktion, die die gewünschte Rechenart realisiert. Ein Leiterknoten kann die Addition von Strömen realisieren, eine Kapazität kann integrieren oder differenzieren.

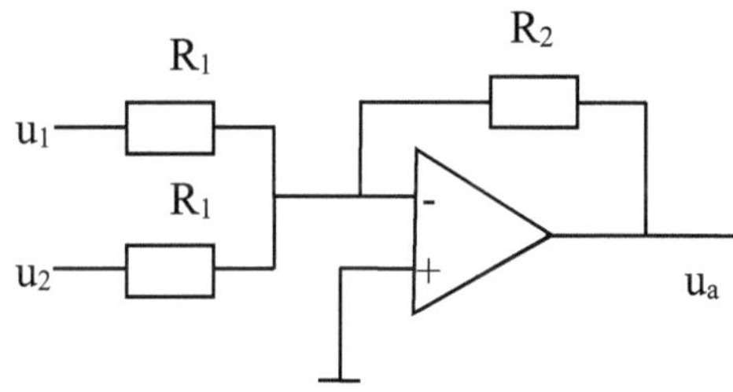

Bild 3.9: Der Addierer.
Ströme werden im Knoten addiert

$$u_a = -(i_1 + i_2)R_2$$

$$u_a = -(u_1 + u_2)\frac{R_2}{R_1} \qquad (3.15)$$

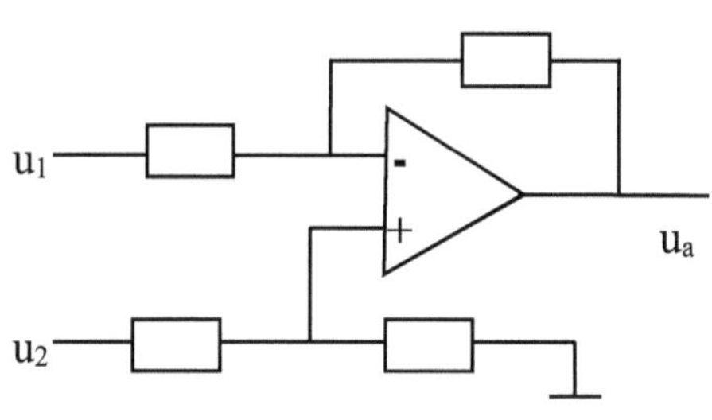

Bild 3.10: der Subtrahierer
Alle 4 Widerstände sind gleich

$$u_+ = \tfrac{1}{2}u_2$$

$$u_- = \tfrac{1}{2}(u_1 - u_a) = u_+$$

$$u_a = u_2 - u_1$$

$$(3.16)$$

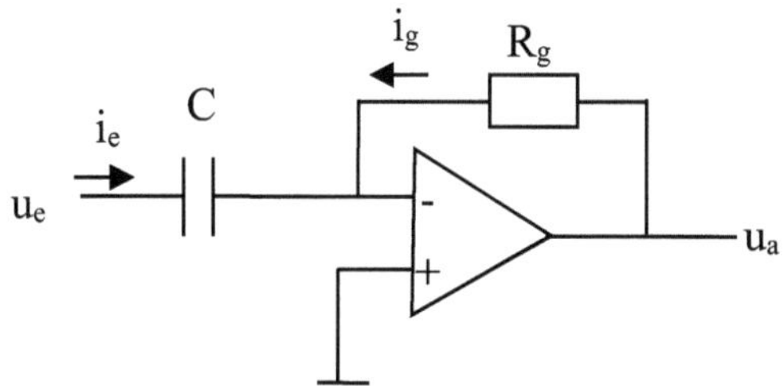

Bild 3.11: Der Differenzierer

$$i_e = C\frac{du_e}{dt} = -i_g = -\frac{u_a}{R_g} \qquad (3.17)$$

$$u_a = -R_g C\dot{u}_e$$

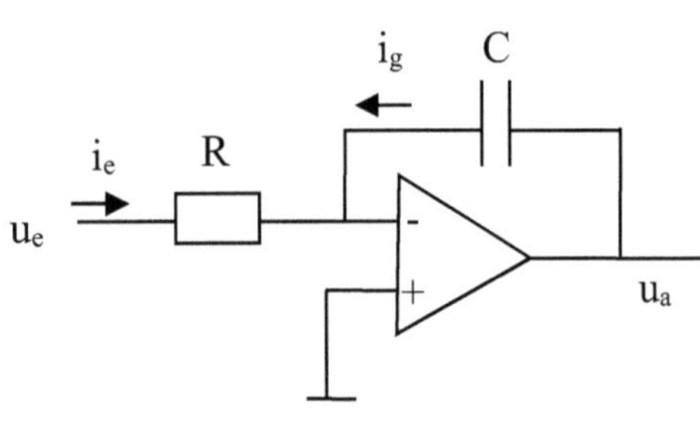

Bild 3.12: Der Integrierer oder Ladungsverstärker

$$i_g = C\dot{u}_a = -i_e = -\frac{u_e}{R}$$

$$\dot{u}_a = -\frac{1}{RC}u_e \qquad (3.18)$$

$$u_a = -\frac{1}{RC}\int u_e\,dt$$

Vorsicht: beim Inverter fließt ein Eingangsstrom. Alle vom Inverter abgeleiteten Schaltungen sind also eingangsseitig nicht hochohmig! Im Zweifelsfall schaltet man noch einen Spannungsfolger davor.

Mit Dioden lassen sich auch das Quadrieren, der Logarithmus und die Exponentialfunktion darstellen. Mit der „Parabelmultiplikation" lässt sich dann auch ein Multiplizierer aufbauen:

$$(a+b)^2 - (a-b)^2 = 4ab \,.$$

Piezoelektrischer Kraftsensor mit Ladungsverstärker
Piezoelektrischer Sensoreffekt: Kristalle mit asymmetrischer Ladungsverteilung in ihrer Elementarzelle zeigen den piezoelektrischen Effekt. Wenn das Material mechanisch verformt wird, dann ändern sich die Lagen der Atome und damit das Dipolmoment. Das erzeugt Ladungen an der Oberfläche, die man mit Elektroden abgreifen kann.

Dazu gibt es eine schöne Animation bei Wikipedia:
https://de.wikipedia.org/wiki/Piezoelektrizit%C3%A4t#/media/Datei:Piezoeffekt350 px.gif

Anwendungen des Sensoreffekts: Kraftsensor, Beschleunigungssensor.
Der Effekt erzeugt eine Ladung. Diese kann man messen, indem man den Strom mit einem Ladungsverstärker über die Zeit integriert.
Piezoelektrischer Aktoreffekt: Wenn man mit Elektroden eine Spannung aufbringt, dann werden die Atome durch die elektrostatische Anziehung bewegt. Es entsteht eine Verformung des Materials. Anwendungen sind Mikroaktoren, hochgenaue Stellelemente, Kopfhörer, Beeper.

Der piezoelektrische Effekt

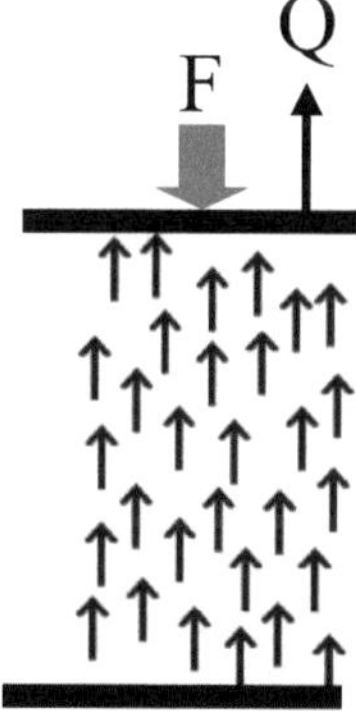

Bild 3.13: Innere Struktur ohne Dipolmoment. Das Material ist nicht piezoelektrisch.	Bild 3.14: Innere Struktur mit Dipolmoment, aber keine gemeinsame Ausrichtung der Elementarzellen. Das Material ist nicht piezoelektrisch.	Bild 3.15: Innere Struktur mit Dipolmoment, gemeinsame Ausrichtung der Elementarzellen. Das Material ist piezoelektrisch.	Bild 3.16: Der Sensoreffekt Verformung → Änderung des Dipolmoments und der Ladungen → An der Oberfläche kann eine Ladung abgegriffen werden

3.4 Der reale Operationsverstärker

Der Begriff „realer Operationsverstärker" wird in zwei verschiedenen Bedeutungen gebraucht:

1. Wenn der Einsatzfall eines gegengekoppelten Systems es nicht erlaubt, die ideale Näherung anzuwenden. Zum Beispiel dann, wenn man genau wissen will, wie groß die Potentialdifferenz der Eingangsklemmen du = u_+ - u_- ist.

Betrachten wir als Beispiel einen Nichtinverter mit R_1 = R_2, also k = 2. Die interne Verstärkung ist k' = 10^6. Am Eingang liegt 1V an.

Ein gegengekoppeltes System lässt sich als Regelkreis verstehen. Wenn die Ausgangsspannung größer als 2 V ist, dann wird über den Spannungsteiler mehr als 1 V am Minus-Eingang liegen und der Verstärker korrigiert die Ausgangsspannung nach unten. Bei einem so einfachen Regler bleibt eine nichtverschwindende Regeldifferenz. Um diese zu berechnen, muss man die ideale Näherung verlassen, man spricht dann von der Berechnung eines „realen" Operationsverstärkers.

Genaue Berechnung – „realer" OpAmp	Ideale Näherung
$$k = \cfrac{1}{\cfrac{1}{k'} + k_g} = k\,\cfrac{1}{\cfrac{1}{10^6} + 1/2} = 1{,}999996$$ $$u_a = 1{,}999996\ V$$ $$u_+ - u_- = 2\mu V$$	$$k \approx \cfrac{1}{k_g} = 2$$ $$u_a = 2\ V$$ $$u_+ - u_- = 0$$

Die Grundregel I „Klemmenspannungen sind gleich" gilt also nur in idealer Näherung. Real bleibt eine kleine Regeldifferenz im µV Bereich. Je größer die interne Verstärkung k', desto kleiner ist diese Regelabweichung.

2. Die zweite Bedeutung meint Abweichungen von der angestrebten Kennlinie, also Frequenzgang, Drift, Rauschen…

Ideal: $u_a = k'(u_p - u_n)$ (3.19)

Real: $u_a = k'(\omega)(u_p - u_n) + k'_{Gl}\, u_n + u_0(T,t) + u_R$ (3.20)

k'(ω): Frequenzgang
k'$_{Gl}$: Gleichtakt
u_0=(T,t): Nullpunktfehler, der von der Temperatur abhängt und mit der Zeit driftet
u_R: Rauschen

Schauen wir uns die Probleme der Reihe nach an:

➢ Frequenzgang: Im Eingang der internen Elektronik des Operationsverstärkers findet sich immer eine Kapazität. Der Eingangswiderstand ist sehr hoch, also entsteht eine RC-Glied (Verzögerungsglied 1. Ordnung) mit großer Zeitkonstante (ca. 0,1-1 s). Der Operationsverstärker ist also sehr langsam. Glücklicherweise wird diese Zeitkonstante durch die Gegenkopplung deutlich verringert. Wie kann das sein, dass die Gegenkopplung den Verstärker schneller macht?

Bild 3.17 zeigt die Antwort auf eine Sprungfunktion von 0 V auf 10 µV am Eingang. Bei k_1 = 100.000 hat der Verstärker eine Zeitkonstante von τ_1 = 0,1 s, also eine Bandbreite von 10 Hz. Direkt nach dem Sprung im Eingang steigt die Ausgangsspannung also an, mit einer Geschwindigkeit von 1 V pro 100 ms.

Die Gegenkopplung reduziert die Verstärkung auf k_2 = 10. Der Endwert des Ausgangs sind also 100 µV. Als Antwort auf die Sprungfunktion fährt der Verstärker die Ausgangsspannung erst mal auf der gleichen Kurve hoch wie ohne Gegenkopplung. Dadurch wird die Spannung von 100 µV nach τ_2 = 10µs erreicht. Dann wird der Operationsverstärker durch die Gegenkopplung eingebremst. Die Bandbreite ist also auf 100 kHz angestiegen. Da die Eckpunkte auf der gleichen Steigungsgeraden liegen, ergibt sich:

$$\frac{k_1}{\tau_1} = \frac{k_2}{\tau_2}$$

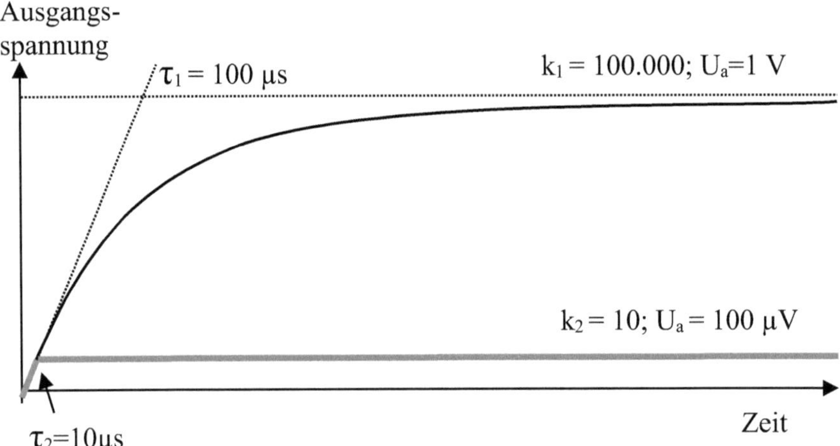

Bild 3.17: Antwort des OpAmps auf eine Sprungfunktion. Warum wird der Verstärker schneller, wenn die Verstärkung geringer wird? Die Achsen sind nicht skaliert!

Die Bandbreite f_g ist invers zur Zeitkonstante, also

$$k_1 f_{g1} = k_2 f_{g2} = \text{Verstärkungs-Bandbreite-Produkt}$$

Das Produkt aus Verstärkung k und Bandbreite ist immer gleich:
$$k_1 f_{g1} = 100.000 \cdot 10\ \text{Hz} = 1\ \text{MHz};$$
$$k_2 f_{g2} = 10 \cdot 100\ \text{kHz} = 1\ \text{MHz}.$$

Das Verstärkungs-Bandbreite Produkt ist eine Kenngröße des Verstärkers. Sie heißt auch UGB: Unity Gain Bandwidth = Bandbreite bei der Verstärkung k = 1. Ein typischer Wert ist 1 MHz. In Bild 3.17 ist dieser Zusammenhang im Plot Verstärkung gegen Frequenz aufgetragen.

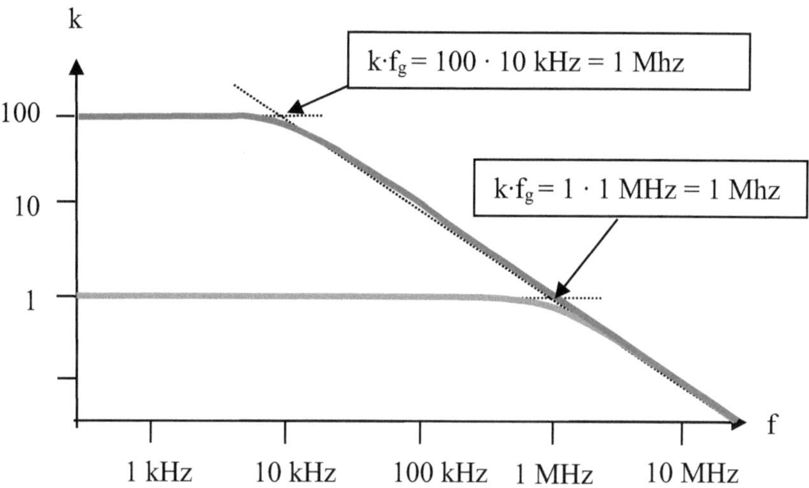

Bild 3.17: Grenzfrequenz f_g des gegengekoppelten Verstärkers
Beispiel für die Werte k'=10^6 und
Verstärkungs-Bandbreite Produkt : UGB= 1 MHz.
Bis zur Grenzfrequenz f_g ist die Verstärkung konstant, dann nimmt
sie mit der Frequenz ab.
Die Grenzfrequenz bestimmt man aus k · f_g = UGB

Die Gegenkopplung kann also tatsächlich die Verstärkerantwort um einige
Zehnerpotenzen schneller machen. Trotzdem gilt: Operationsverstärker sind eher
langsame Bauteile. Für schnelle Elektronik muss man auf andere Halbleiter-
bauelemente zurückgreifen. Forderung 5 von unserer Wunschliste (große Bandbreite)
können wir nur zum Teil erfüllen. Wenn die Bandbreite einmal nicht reicht, dann kann
man zwei Verstärker in Serie schalten. Beispiel: Gewünschte Verstärkung = 1000,
nötige Bandbreite = 10 kHz. Nach Bild 3.17 lässt sich aber nur 1 kHz realisieren. Man
kann aber zwei Verstärker mit einer Verstärkung von jeweils 32 in Serie schalten.
Diese erreichen eine Bandbreite von 30 kHz.

➤ Slew rate: Die Anstiegsgeschwindigkeit der Ausgangsspannung ist begrenzt, da
im OpAmp Kapazitäten umgeladen werden müssen. Bei schnellen Signalen (1 MHz
und mehr) mit großer Amplitude (1 V oder mehr) folgt die Ausgangsspannung einer

schnellen Änderung der Eingangsspannung nur mit Verzögerung. Ein typischer Wert ist eine maximale Änderung der Ausgangsspannung von 0,5 V/µs.

➢ Gleichtaktverstärkung: Der Absolutwert der Eingangsspannungen hat Einfluss auf den Ausgang, nicht nur ihre Differenz. Wenn man die beiden Eingänge verbindet ($u_+ = u_-$) dann sollte der Ausgang $u_a = 0$ V sein. Abweichungen davon charakterisiert man mit der Gleichtaktverstärkung k'_{Gl}:

$$u_a = k'_{Gl} u_n \qquad \text{bei} \qquad u_p = u_n \qquad\qquad (3.21)$$

Das Verhältnis $k`/k`_{Gl}$ von Verstärkung und Gleichtaktverstärkung nennt man Gleichtaktunterdrückung. Gleichtaktprobleme beseitigt man sehr einfach, indem man Inverter verwendet. Dann sind die Eingänge auf Massepotential festgepinnt, und eine Gleichtaktspannung kann nicht auftreten. Deswegen bevorzugen viele Elektroniklayouter den Inverter.

➢ Nullpunktfehler (Offset): Bei 0V Eingang entsteht eine endliche Ausgangsspannung. Offsetspannungen sind gefürchtet, weil sie temperaturabhängig sind und sich mit der Zeit ändern. Sie erzeugen also einen Temperaturgang und eine Langzeitdrift. Abhilfe schaffen Systeme mit automatischem Abgleich. Diese haben zwei Verstärker und eine Schaltmatrix. Während Verstärker 1 arbeitet, wird Verstärker 2 abgeglichen, indem sein Eingang kurzgeschlossen wird und die Offsetspannung am Ausgang gemessen wird. Dann wird Verstärker 2 in den Messkanal geschaltet, wobei der gemessene Offsetwert abgezogen wird, und Verstärker 1 wird abgeglichen.

➢ Rauschen: Der OpAmp erzeugt eine Rauschspannung. Meist wird die Rausch-spannung eingangsseitig definiert.
Faustregel: Einfache OpAmps zeigen ca. 1 µV eingangsseitiges Rauschen bei 1000 Hz Bandbreite, also 30 nV/$\sqrt{\text{Hz}}$.
Rauscharme OPs zeigen 5 nV/$\sqrt{\text{Hz}}$.
Forderung 4 von unserer Wunschliste (wenig Rauschen) können wir erfüllen, aber nur mit teuren Spezialbauteilen.

Wissensfragen: 

- Welche Anforderungen stellen wir an einen idealen Messverstärker?
- Wie funktioniert die Gegenkopplung und welche Vorteile hat sie?
- Was bedeutet die Bezeichnung „ideal" im Hinblick auf Operationsverstärker?
- Zeichnen und erklären sie die Grundschaltung 1: Nichtinverter.
- Wie groß ist die Verstärkung beim Nichtinverter?
- Erklären Sie den Nichtinverter als Regelkreis.
- Wie lauten die Grundregeln 1 und 2? Geben Sie Beispiele für die Anwendung.
- Zeichnen und erklären Sie die Grundschaltung 2: Inverter.
- Wie groß ist die Verstärkung beim Inverter?
- Wie kann man mit Operationsverstärkern Addieren, Subtrahieren, Differenzieren und Integrieren.
- Erklären Sie den piezoelektrischen Effekt
- Was ist Gleichtaktverstärkung?
- Welche Bandbreite hat eine OpAmp-Schaltung?
- Was ist die Unity Gain Bandwidth?

❗ Denkfragen

3.1 Aktive Diode

Was tut folgende Schaltung?

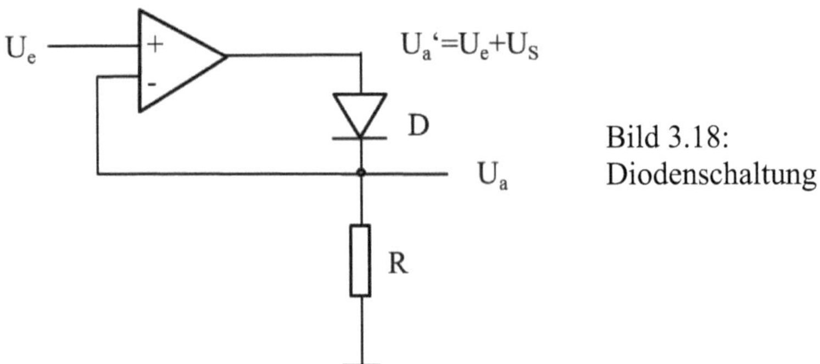

Bild 3.18:
Diodenschaltung

Antwort:

Eine aktive Diode ist ein Messgleichrichter der keinen Spannungsabfall hat.
Wenn man eine Diode als Gleichrichter verwendet, dann wird an der Diode eine Spannung abfallen. Erst ab der Schwellspannung U_S (bei Silizium 700 mV) wird die Diode in Durchlassrichtung leitend. Bei der aktiven Diode wird dieser Spannungsabfall durch den OpAmp ausgeglichen.

In Durchlassrichtung: Bei der gegengekoppelten Schaltung stellt sich der Ausgang des OpAmp so ein, dass die beiden Eingangsspannungen gleich werden, also $U_a = U_e$. Der Ausgang des OpAmp U_a' liegt entsprechend um die Schwellspannung höher. Also gilt $U_a = U_e$ bereits bei sehr kleinen Spannungen.

In Sperrrichtung ist U_a über den Widerstand R mit der Masse verbunden und es gilt $U_a = 0$. Aber: dann sollte doch der OpAmp in Sättigung gehen? Ja. Das tut er, aber das hat keine Auswirkung auf U_a, denn die Diode sperrt. Es liegt hier also keine Gegenkopplung mehr vor.
Es handelt sich also um eine ideale Gleichrichterkennlinie.

3.2 Operationsverstärker – Komparator

?

Bestimmen Sie die Ausgangsspannung der folgenden
Operationsverstärkerschaltung, wenn Sie das Potentiometer vom
unteren zum oberen Anschlag bewegen.

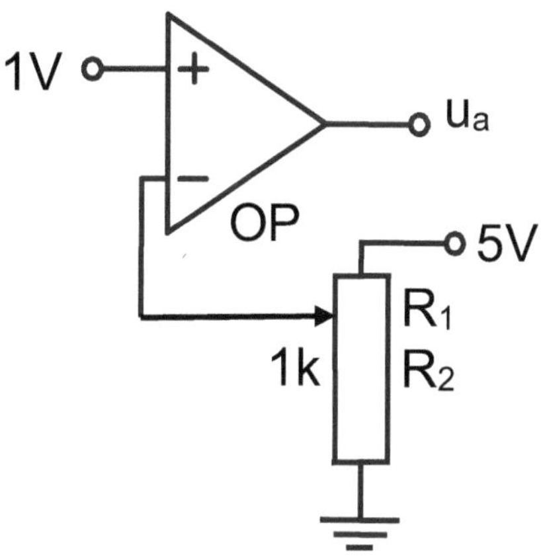

Bild 3.19: Was tut diese Schaltung?

Antwort:

Auf der Skala $R_2 = 0\ \Omega$ bis $R_2 = 1000\ \Omega$ springt die Ausgangsspannung bei $R_2 = 200\ \Omega$
von der positiven Versorgungsspannung zur negativen Versorgungsspannung.

❓ 3.3 Operationsverstärker - Doppelt

Was tut diese Schaltung?[8] Alle Widerstände sind gleich.
Hinweis: Betrachten Sie zuerst den unteren OpAmp allein und bestimmen Sie U_M.

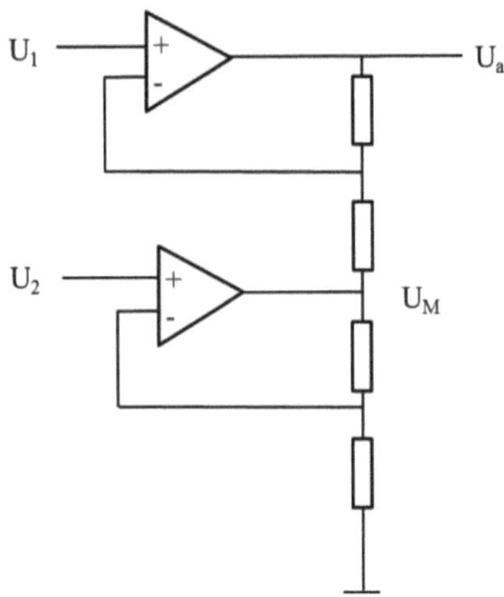

Bild 3.20: Doppelter Operationsverstärker

Antwort:

Die Schaltung subtrahiert. Der untere Teil der Schaltung ist ein Nichtinverter. U_M wird also vom unteren OpAmp geregelt, man kann den unteren Teil zunächst für sich betrachten: $U_M = 2\,U_2$
Der obere Teil ist auch ein Nichtinverter, jedoch nicht bezogen auf Masse, sondern auf U_M:

$$(U_a\text{-}U_M) = 2\,(U_1 - U_M)$$

Also $U_a = 2U_1 - 2U_M + U_M = 2\,U_1 - U_M = 2U_1 - 2U_2$

---

[8] Becker, Hofmann: Aufgabensammlung elektrische Messtechnik, Springer Verlag

3.4 Gegenkopplung

Bestimmen Sie die Ausgangsspannung folgender
Operationsverstärkerschaltung.

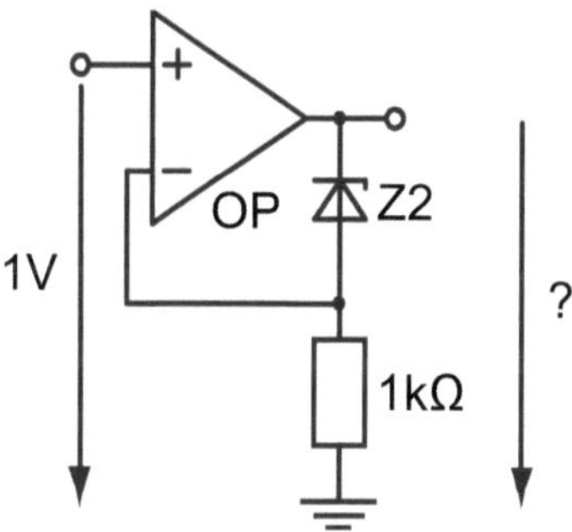

Bild 3.20: Gegenkopplung mit Zenerdiode

Antwort:
Grundregel 1: $U_- = U_+$, also $U_- = 1$ V.
An der Z-Diode fallen 2 V ab. Also ist die Ausgangsspannung $U_a = 3$ V.

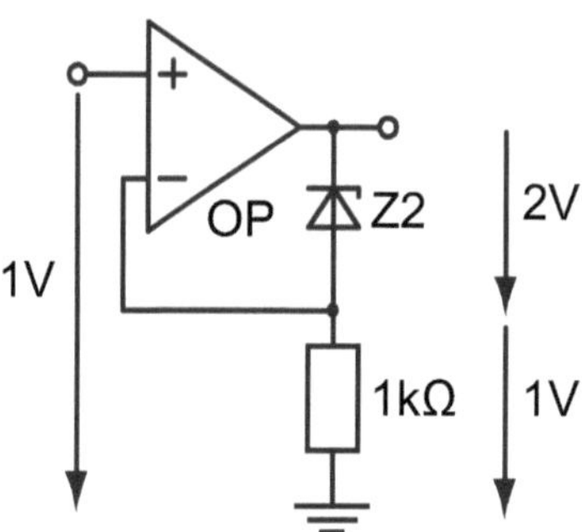

Bild 3.21: Gegenkopplung mit Zenerdiode, Spannungen

?   3.5   Heißdrahtanemometer

Bei einem Heißdrahtanemometer wird ein sehr dünner
Wolframdraht $R_M(T)$ elektrisch auf 100 °C geheizt. Wird der Draht einer Strömung
ausgesetzt, dann wird ihm Wärme entzogen. Aus der abgegebenen Wärmemenge
kann man die Strömungsgeschwindigkeit berechnen. Was tut folgende Schaltung?

$R_0 = R_M (T = 100\ °C)$

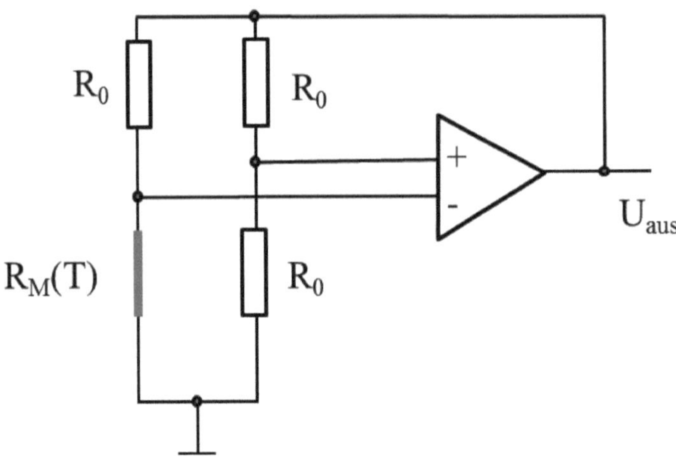

Bild 3.22: Heißdrahtanemometer

Antwort:

Es ist ein Konstant-Temperatur-Anemometer.
Der OpAmp regelt so, dass der Draht immer auf T = 100°C bleibt.

Nehmen wir an, die Strömungsgeschwindigkeit steigt
→ Mehr Wärmeübergang
→ T_{Draht} sinkt
→ R_M sinkt
→ U- sinkt
→ U_{aus} steigt
→ Der Strom steigt
→ Die Joulesche Wärme am Draht steigt
→ Der Draht wird wärmer.

So regelt die Schaltung die Temperatur des Drahts auf konstant R und damit auch auf konstant T. Aus der Spannung U_{aus} kann man die Strömungsgeschwindigkeit berechnen.

Der Vorteil der Konstant-Temperatur Schaltung ist eine kleine Zeitkonstante. Da die Temperatur des Drahtes sich nicht ändert, entfällt die Zeit für die Temperatur-anpassung.

Betrachten wir das Verhalten bei einer sprungförmigen Erhöhung der Strömung. Bei Konstant-Strom Schaltung muss erst der ganze Draht kälter werden, bevor sich ein stabiler Messwert einstellt. Bei Konstant-Temperatur fängt die Schaltung bereits an zu regeln, wenn die Oberfläche anfängt kälter zu werden. Messbandbreiten von 100 KHz sind möglich.

Gegengekoppelte OpAmps sind Spezialisten dafür, Spannungsdifferenzen auf null zu regeln. Also sind sie gut dafür geeignet, Brücken abzugleichen und abgeglichen zu halten. Diese Idee finden wir bei verschiedenen Messschaltungen immer wieder.

? **3.6 Leitungswiderstand**

Ich will mit einem Thermoelement Temperatur messen und verwende als Verstärker einen Nichtinverter.

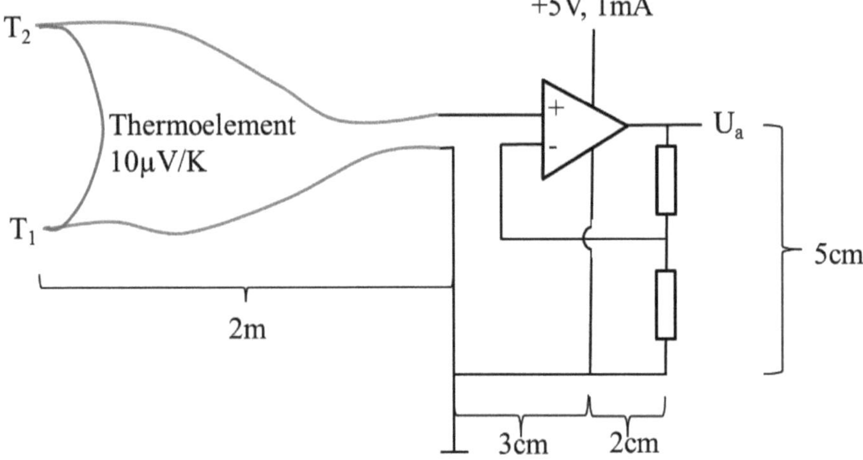

Bild 3.23: Schaltung für ein Thermoelement

Ein erfahrener Elektroniker schaut auf das Platinenlayout und sagt: „so nicht, Du handelst Dir einen Offset ein". Wieso?

Antwort:

Die 2 m Leitung zum Thermoelement stört nicht. Der OpAmp misst hochohmig, der Leitungswiderstand ist egal. Was stört, sind die 3 cm, bei denen der Versorgungsstrom des OpAmp und das Signal auf einer gemeinsamen Masseleitung liegen. Auf einer Platine hat die Leiterbahn einen Widerstand von ca. 1 Ω/m, bei 3 cm also 30 mΩ. Bei einem Strom von 1mA fällt eine Spannung von 30µV ab. Die Basis des Spannungsteilers liegt also 30mV über der Masse, was einen Temperaturunterschied von 3°C vortäuscht und daher zu einem Offset führt.

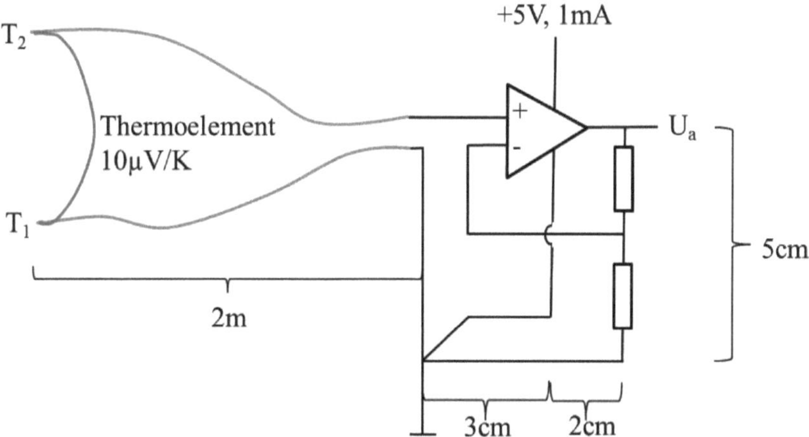

Bild 3.24: Neue Masseführung zur Verhinderung eines Offsets

Den Offset vermeidet man, wenn man keine gemeinsame Masseleitung verwendet. Man führt Stromversorgungsmasse und Signalmasse auf dem Board getrennt und führt sie erst an der Systemgrenze zusammen. Dieses Prinzip nennt man „sternförmig Erden".

Wenn man Schaltpläne zeichnet, dann geht man immer davon aus, dass die Masse immer und überall auf Nullpotential liegt. Das bedeutet, dass man die Masseleitungen als unendlich leitfähig annimmt, was natürlich nicht stimmt. Beim konkreten Layout einer Platine muss man berücksichtigen, dass die Masse auch kleine Potentialdifferenzen haben kann.

❓ 3.7   Konstantstromquelle

Eine Stromquelle ist mit $U_e = 1$ V und $R_g = 1$ kΩ so ausgelegt, dass sie 1 mA abgibt. Der OpAmp wird mit +/- 5 V Speisespannung versorgt. Zeichen Sie U_a und I_a als Funktion des Lastwiderstands R_a von 0 bis 10 kΩ.

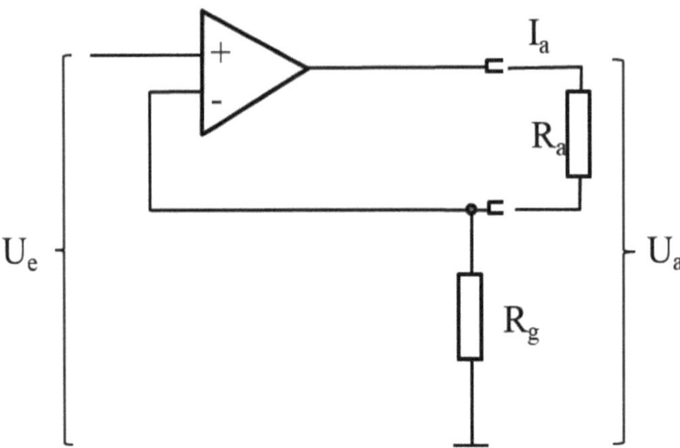

Bild 3.25: Konstantstromquelle

Antwort:

Der Strom ergibt sich aus $U_- = U_+ = U_e$ und dem Ohm'schen
Gesetz: $I_a = U_e/R_2$.

$$I_a = \frac{u_e}{R_g}$$

Zwischen $R_a = 0\ \Omega$ und $R_a = 4\ k\Omega$ ist der Strom konstant und die Spannung steigt
linear.

Bei $R_a = 4\ k\Omega$ ist eine Ausgangsspannung von 5 V erreicht.

Bei >4 kΩ kann der OpAmp die Spannung nicht mehr erhöhen, der Ausgangsstrom
von 1 mA ist nicht mehr erreichbar, die Stromquelle ist in Überlast und kann nicht
mehr regeln. Die Spannung bleibt konstant bei 5 V, der Strom sinkt für höhere
Widerstände ab.

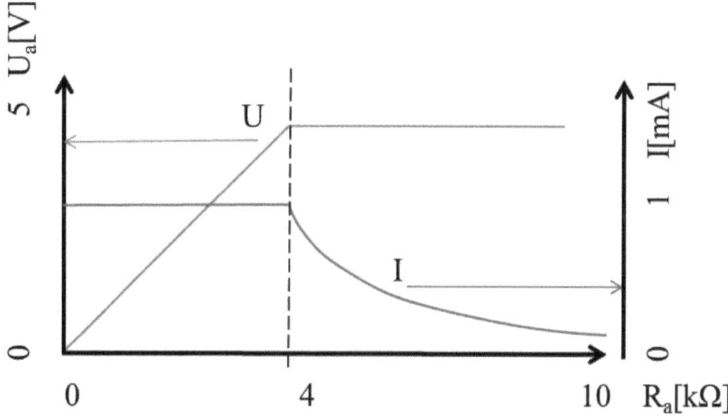

Bild 2.26: Spannung und Strom der Konstantstromquelle

?   **3.8   Operationsverstärker - Spannungsfolger:**

Wie groß ist die Differenz der Klemmenspannung bei einer Eingangsspannung von 1V, wenn ich die ideale Näherung nicht annehme.

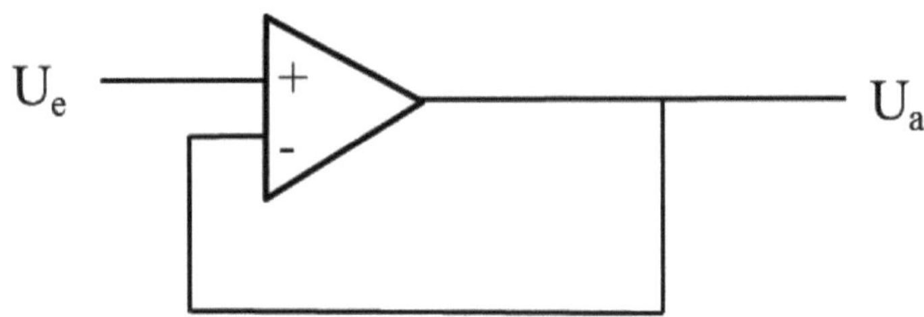

Bild 2.27: Spannungsfolger
Interne Verstärkung k` = 10^5. U_e = 1V.

Antwort:

Die Schaltung erzeugt eine Ausgangsspannung, die gleich der Eingangsspannung ist. Sie hat im Eingang einen hohen Eingangswiderstand und ist am Ausgang in gewissem Maße durch einen Ausgangsstrom belastbar. Spannungsfolger oder Impedanzwandler.

Ideale Näherung:

Ausgangsspannung $k = \dfrac{R_1}{R_2} + 1;$ U_a=1 V

Ohne ideale Näherung gibt es zwei Berechnungsmethoden:

1. Aus der Systemverstärkung: $k = \dfrac{1}{\dfrac{1}{k'} + k_g} = \dfrac{1}{10^{-5} + 1} = 0{,}99999$;

     dU_e=1 V $-$ 0,99999 V = 9.9 µV≈10 µV

2. Aus der internen Verstärkung U_e=U_a/k` =1V/100.000=10 µV.

4. Widerstand und komplexe Impedanz

4.1. Der ohmsche Widerstand

Zunächst kann man das Ohm'sche Gesetz verwenden, um einen Widerstand zu messen:

$$U = RI \tag{4.1}$$

Man legt eine bekannte Spannung an und misst den Strom, oder man prägt einen bekannten Strom ein und misst die Spannung. Diese Methode wird oft in Multimetern eingesetzt. Man braucht allerdings zwei Normale (Spannung und Strom) um eine Größe zu messen. Dies vermeidet man, wenn man nach Bild 4.1 mit einem Spannungsteiler den unbekannten Widerstand mit einem Bekannten vergleicht. Die Versorgungsspannung U_0 muss dabei nicht genau bekannt sein.

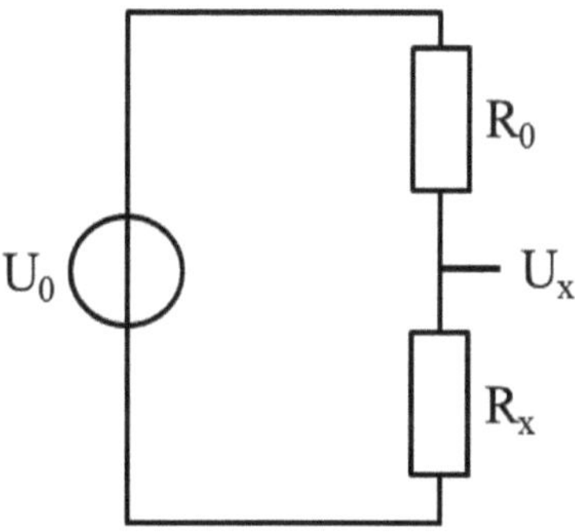

Bild 4.1: Die Halbbrücke
Messung des Widerstands R_x durch Vergleich mit dem geeichten Referenzwiderstand R_0.

$$U_x = U_0 \frac{R_x}{R_x + R_0}$$

Die Spannung muss hochohmig gemessen werden, sonst wird der Messwert verfälscht.

Die Leitungen haben auch einen elektrischen Widerstand R_L, und der Messstrom wird in den Leitungen zu einem Spannungsabfall führen, der die Messungen verfälscht, wie Bild 4.2 zeigt. Abhilfe schafft die Vierleitertechnik in Bild 4.3. Der eingeprägte Messstrom und die gemessene Spannung werden in zwei getrennten Leiterschleifen geführt, die erst direkt am zu messenden Widerstand vereinigt werden. An den Leitungswiderständen der Stromschleife R_{L1} und R_{L2} gibt es nach wie vor einen Spannungsabfall, aber der betrifft die Spannungsmessung nicht. An den Leitungswiderständen des Spannungszweigs R_{L3} und R_{L4} fällt keine Spannung ab, da die Spannung hochohmig gemessen wird und kein Strom fließt.

Die Vierleitertechnik nach Bild 4.3 hat sich auch bewährt, wenn man sehr kleine Widerstände messen will. Da man sehr kleine Spannungsabfälle misst, muss man auch an Thermospannungen denken. Probleme erkennt man, wenn man den Messstrom abschaltet und eine Nullmessung macht. Es empfiehlt sich, bei kleinen Widerständen den Messstrom umzupolen und die Differenz der beiden Messungen zu bilden.

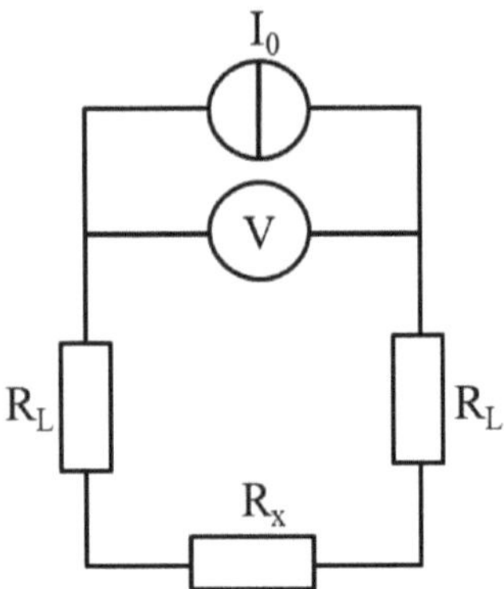

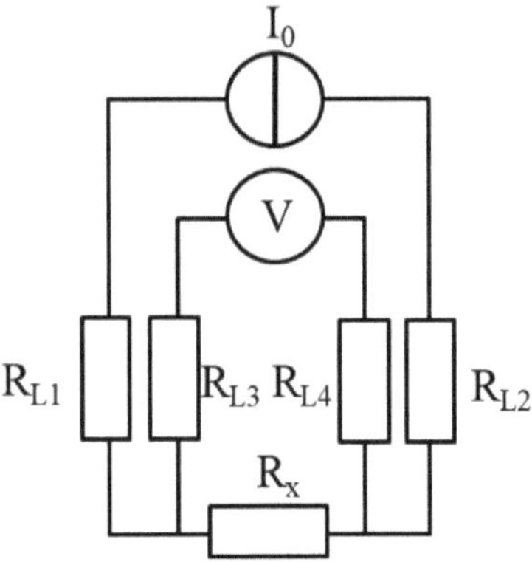

Bild 4.2: Das Problem der Leitungswiderstände bei der Messung des Widerstands

Bild 4.3: Die Vierleitertechnik

Die klassische Methode der Widerstandsmessung ist die Brücke nach Wheatstone, Bild 4.4. Wir schalten 4 Widerstände in zwei Spannungsteiler und vergleichen die Spannungen an den Mittelabgriffen.

Wenn die beiden Mittelspannungen gleich sind, dann verschwindet die Brückenspannung dU.

$$U_1 = U_0 \frac{R_2}{R_1 + R_2} = U_2 = U_0 \frac{R_4}{R_3 + R_4} \qquad (4.2)$$

$$R_1 R_4 = R_2 R_3 \qquad (4.3)$$

Dann nennt man die Brücke abgeglichen. Um einen unbekannten Widerstand R_1 zu messen benötigt man zwei bekannte Festwiderstände R_2 und R_3 sowie einen einstellbaren Widerstand R_4. Das Voltmeter muss nicht geeicht sein, da wir nur den spannungslosen Zustand feststellen wollen. Zum Abgleich verwendet man oft schaltbare Widerstandsdekaden, die sich sehr genau einstellen lassen. Dies kann natürlich auch automatisiert mit Halbleiterschaltern geschehen.

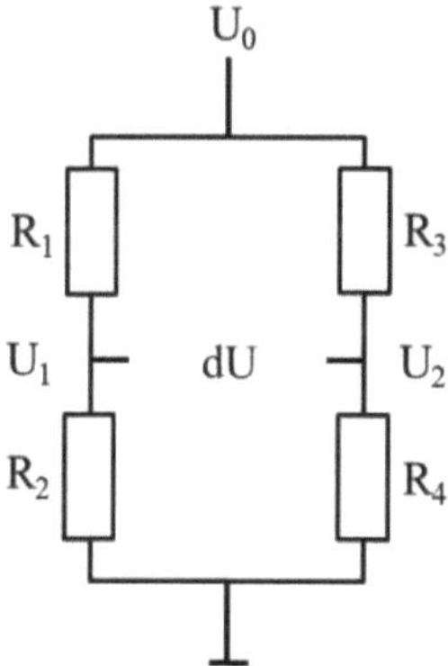

Bild 4.4: Die Wheatstone-Brücke

Wenn man nicht abgleicht, dann stellt sich eine Brückenspannung dU ein. In diesem Fall spricht man von einer Ausschlagsmessbrücke. Diese ist besonders geeignet, um Veränderungen von Widerständen zu messen.

Berechnen wir die Ausschlagsspannung zunächst für einen veränderlichen Widerstand R_x und drei gleiche feste Widerstände R. Aus Bild 4.5 finden wir

$$U_1 = \frac{1}{2}U_0$$

$$U_2 = U_0 \frac{R}{R + R_x}$$

$$dU = U_1 - U_2 = \frac{U_0}{2} \frac{R_x - R}{R_x + R}$$

(4.4)

Mit $R_x = R + \delta R$ gilt $\quad dU = \dfrac{U_0}{2} \dfrac{\delta R}{2R + \delta R}$ (4.5)

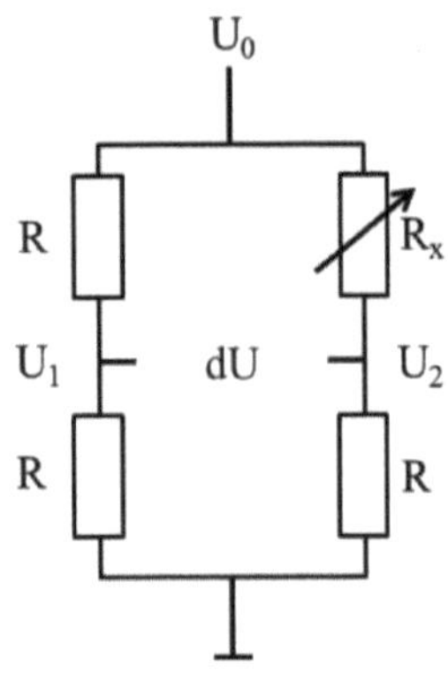

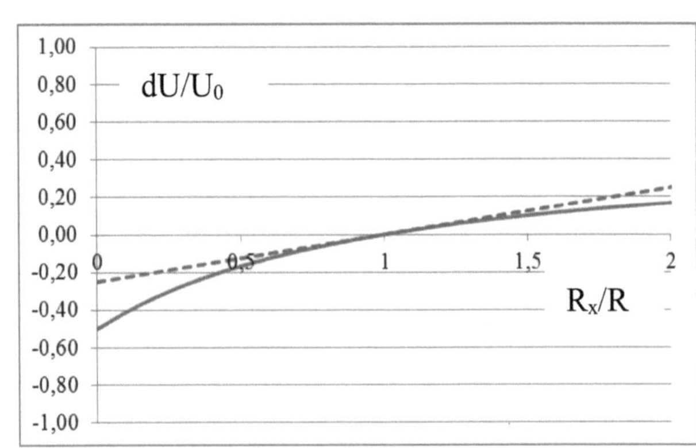

Bild 4.5:
Ausschlagsmessbrücke
mit einem veränderlichen
Widerstand

Bild 4.6:
Brückenspannung bei einem veränderlichen
Widerstand.
Gestrichelt: Lineare Näherung um $R_x = R$.

Die Kurve ist nichtlinear, weil δR im Nenner steht. Für kleine Ausschläge ($\delta R \ll R$) kann man die Kurve linearisieren:

$$dU = \frac{U_0}{4} \frac{\delta R}{R}$$ (4.6)

Wie man an der gestrichelten Linie im Bild 4.6 erkennt, ist die Linearisierung nur nahe am Aufpunkt $R_x = R$ sinnvoll.

Wenn man zwei Widerstände verändert, die sich diametral gegenüber liegen, dann sollte sich der Effekt verdoppeln, da eine Mittelspannung sinkt, während die andere steigt.

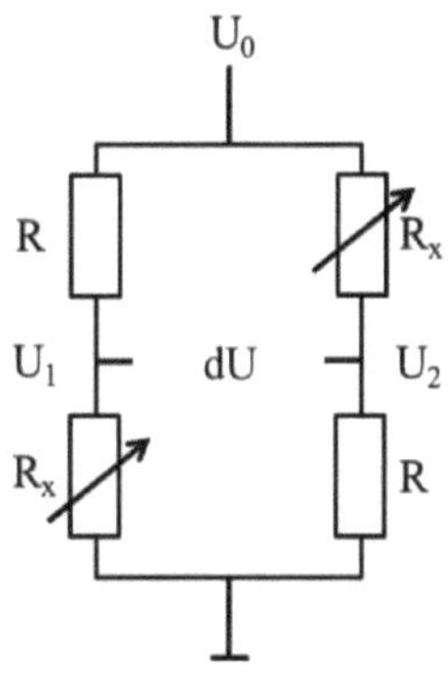
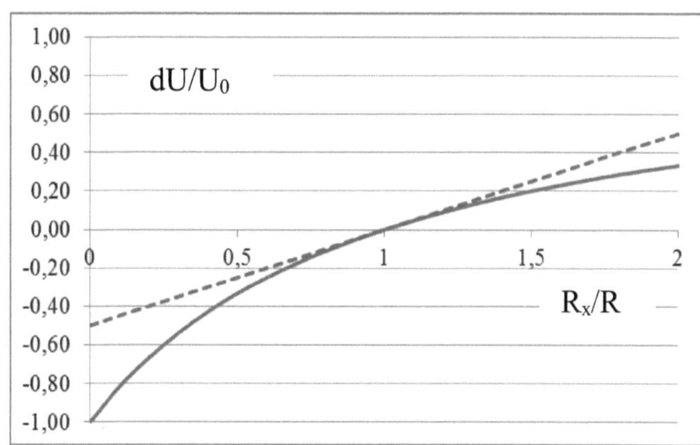

Bild 4.7:
Brückenschaltung
mit zwei
veränderlichen
Widerständen

Bild 4.7: Die Brückenspannung ist größer,
aber nach wie vor nicht linear

Wir erhalten

$$dU = U_0 \frac{\delta R}{2R + \delta R} \quad \text{und für kleine Ausschläge} \quad dU = \frac{U_0}{2} \frac{\delta R}{R} \qquad (4.7)$$

Die Kurven sehen genauso aus, wie für einen veränderlichen Widerstand, nur ist die Spannung wie erwartet doppelt so groß.

Alle 4 Widerstände zu erhöhen, macht offenbar keinen Sinn. Die Brückenspannung ändert sich dabei nicht. Manche Messverfahren ermöglichen aber den Einsatz von Widerständen so, dass sie gegenläufig sind: einer wird größer und der andere kleiner. Das erlaubt eine Konstellation nach Bild 4.8. und 4.9.

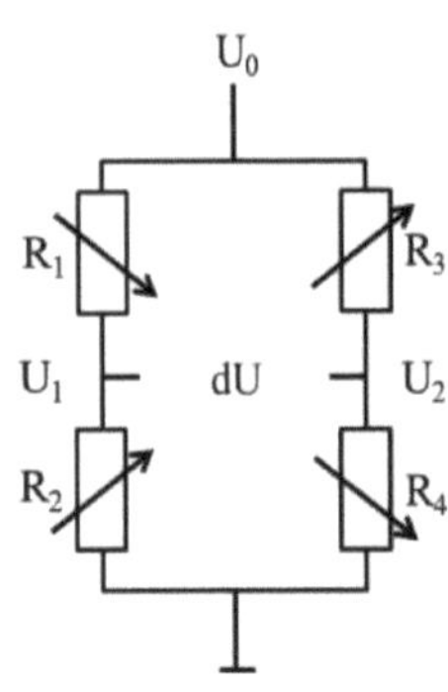

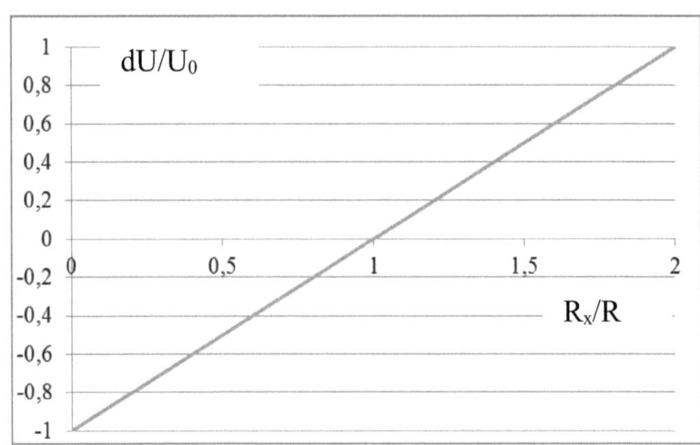

Bild 4.8: Brücke mit vier veränderlichen Widerständen.

Bild 4.9: Die Brückenspannung geht linear mit dem Widerstand R_x.

$$R_1 = R_3 = R - \delta R; \qquad R_2 = R_4 = R + \delta R;$$

$$dU = U_0 \left(\frac{R + \delta R}{2R} - \frac{R - \delta R}{2R} \right) = U_0 \frac{\delta R}{R} \qquad (4.9)$$

Da δR nicht mehr im Nenner steht, ist die Kurve linear, auch ohne die Annahme kleiner Ausschläge. Die Brückenspannung hat sich noch einmal verdoppelt.

4.2 Der piezoresistive Effekt

Betrachten wir einen elektrischen Widerstand, z.B. einen Draht mit 1m Länge. Nun dehne ich den Draht um 1‰. Der Draht wird länger und dünner. Also wird sich der elektrische Widerstand verändern.

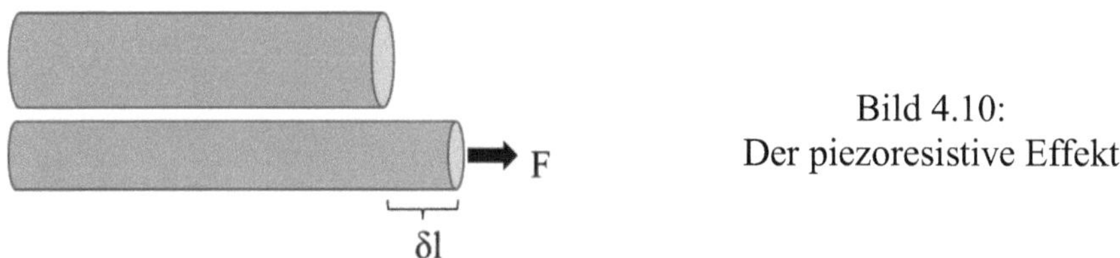

Bild 4.10:
Der piezoresistive Effekt

Dies ist als „piezoresistiver Effekt" bekannt und ist die Grundlage für viele mechanische Sensoren, insbesondere für Kraft- und Drucksensoren. Wir beschreiben den Effekt durch den piezoresistiven Koeffizienten k:

$$k = \frac{\Delta R/R}{\Delta l/l} = \frac{\Delta R/R}{\varepsilon} \tag{4.10}$$

Mit der Dehnung $\varepsilon = \Delta R/R$.

Bei Metallen ändert sich der spezifische Widerstand nicht. Dann ergibt sich die Änderung des Widerstands aus der Änderung der Geometrie des Drahts. Ich dehne einen Draht um 1‰ und es ergibt sich eine Widerstandsänderung von 2‰: 1 ‰ weil der Draht länger wird, plus 1‰ weil der Draht bei der Dehnung dünner wird. Daher kann man für Metalle als Näherung annehmen k ≈ 2. Dies ist allerdings nur eine grobe Näherung, die Verringerung des Querschnitts ist nicht genau 1‰, und sie ist materialabhängig. Bei Halbleitern ändern sich mit der Verformung auch die Bandstruktur und damit der spezifische Widerstand. Das führt zu sehr großen Werten für den piezoresistiven Koeffizienten k. Bei Silizium geht der Wert von k = -100 bis k = 100, je nach Dotierung.

Diesen Effekt nutzt man in Dehnmessstreifen (DMS). Dies sind Widerstände aus einer dünnen Metallschicht, meist in Form eines Mäanders auf einer Folie als Trägermaterial. Mit Dehnmessstreifen kann man einen Kraftsensor bauen wie in Bild 4.11. Die Widerstände werden auf einer Feder appliziert, entweder man scheidet eine dünne Metallschicht ab, oder man klebt einen Folien-DMS auf. Eine mögliche Konfiguration zeigt Bild 4.11. Zwei Widerstände sind auf der Oberseite der Feder angebracht, sie werden bei der Biegung gedehnt und erhöhen ihren Widerstandswert. Zwei sind auf der Unterseite angebracht, sie werden gestaucht und vermindern ihren Wert.

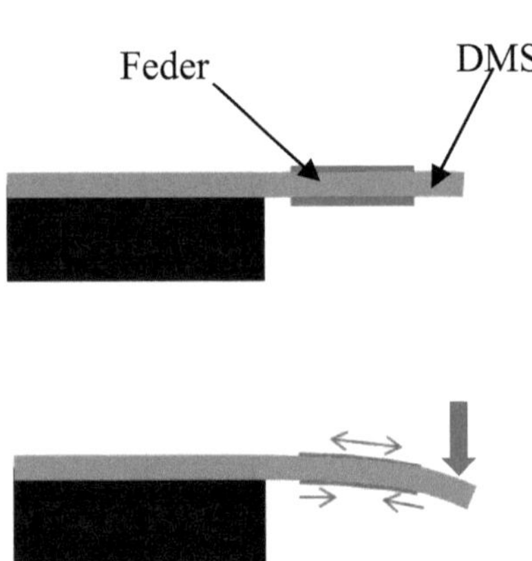

Bild 4.11: Ein Kraftsensor ist eine Feder, auf der Dehnmessstreifen appliziert sind.

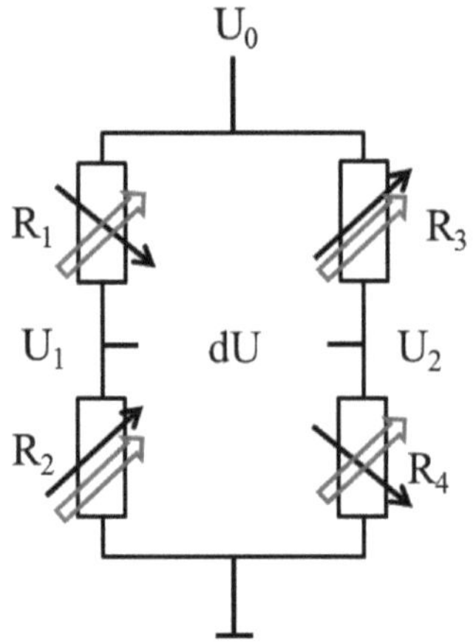

Bild 4.12: Die Brückenschaltung kann den Temperaturgang der Widerstände kompensieren

⇨ Temperatur: kein Signal in dU
⟶ Dehnung: Signal in dU

Wenn man die Widerstände in eine Brücke verschaltet, wie es Bild 4.12 zeigt, so erkennt man den großen Vorteil der Brückenschaltung: sie kann Temperaturprobleme kompensieren. Die Widerstände ändern sich ja nicht nur mit der Dehnung, sondern auch mit der Temperatur. Man kann bei einem Widerstand zunächst nicht unterscheiden, ob er gedehnt wird oder ob er aufgeheizt wird. Eine Brückenschaltung kann die beiden Effekte trennen, wie man in Bild 4.12 erkennt. Bei Erwärmung erhöhen sich alle vier Widerstände, das hat keinen Einfluss auf die Brückenspannung. Bei Verformung dagegen gibt es Dehnung und Stauchung, und die Brückenspannung zeigt ein Signal. Diese Fähigkeit, den Temperaturgang der Widerstände zu kompensieren, stellt den größten Vorteil der Brückenschaltung für mechanische Sensoren dar. Zwei Einschränkung muss man allerdings machen:

1. Die Widerstände müssen auf der gleichen Temperatur sein.
2. Kompensiert wird der Einfluss der Temperatur auf den Widerstandwert: $R = R(T)$. Wenn aber der piezoresistive Koeffizient k auch temperaturabhängig ist, also $k = k(T)$, dann wird dies durch die Brückenschaltung nicht kompensiert.

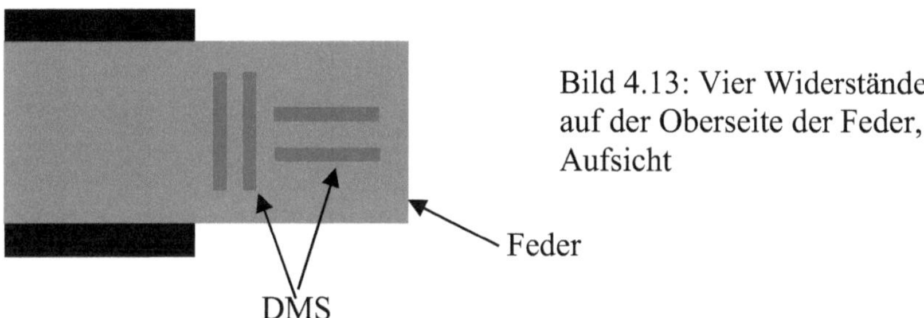

Bild 4.13: Vier Widerstände auf der Oberseite der Feder, Aufsicht

 Es ist technologisch schwierig, Widerstände auf der Unterseite der Feder anzubringen. Alternativ bringt man vier Widerstände auf der Oberseite an, aber so, dass zwei gedehnt werden, während die anderen beiden quer zur Dehnungsrichtung verlaufen und sich bei Dehnung nicht verändern. Wenn man diese in eine Brücke schaltet, dann erhält man zwar weniger Signal, aber die Temperaturkompensation funktioniert auch hier.

Praktisch müssen Ausschlagsmessbrücken vor dem Betrieb auf einen Nullpunkt abgeglichen werden. Sehr oft macht man das bei jeder Inbetriebnahme für die gerade vorliegende Temperatur. Eine elektronische Waage z.B. gleicht sich nach dem Einschalten erst mal auf null ab, und dann immer wieder, wenn die „Tara" Taste betätigt wird.

Drucksensoren

Bei piezoresistiven Drucksensoren wird durch den Druck eine Membran verformt und die Verformung wird durch Dehnmessstreifen gemessen. Bild 4.14 und 4.15 zeigen einen Drucksensor mit einer Stahlmembran in Querschnitt und Aufsicht. Der Körper ist eine Membran aus Stahl auf einem Stahlkorpus. Wenn die Membran mit Druck beaufschlagt wird, dann verformt sie sich. Wie man in Bild 4.14 erkennt, wird dabei der innere Bereich gestaucht, der äußere dagegen gedehnt. Auf der Membran sind vier

Metallwiderstände integriert und in eine Brücke verschaltet. Zwei Widerstände befinden sich in der Mitte der Membran, sie werden bei Druck gestaucht und ihr Wert verringert sich. Die beiden anderen sind am Rand angebracht. Sie werden gedehnt, ihr Wert erhöht sich.

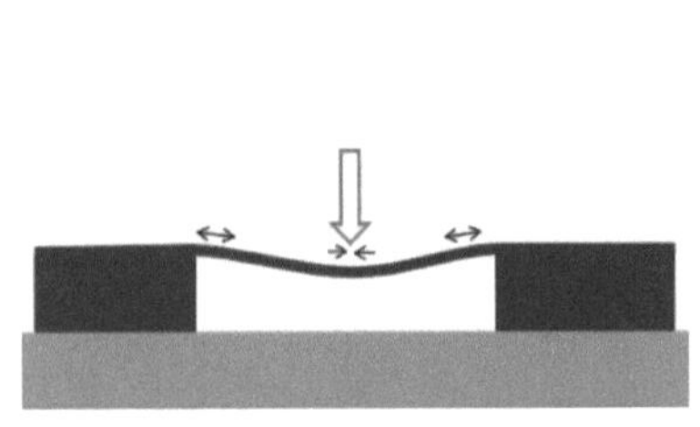

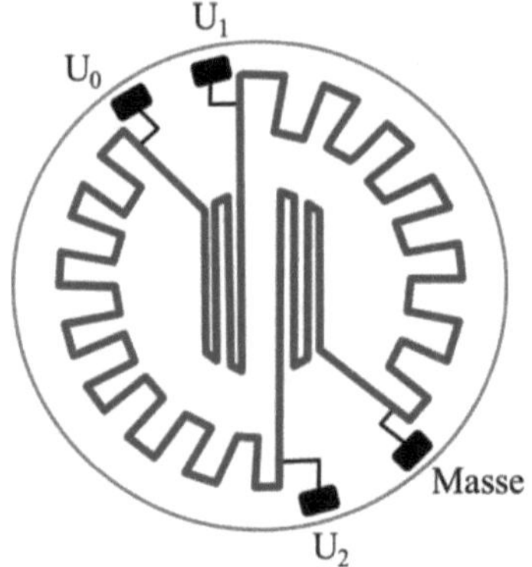

Bild 4.14: Ein piezoresistiver
Drucksensor im Querschnitt

Bild 4.15: Ein piezoresistiver
Drucksensor in der Aufsicht.

Wie stellt man einen solchen Drucksensor her? Die wesentlichen Schritte sind:

- Herstellen des „Töpfchens" aus Stahl mit den Methoden der Feinmechanik
- Abscheidung einer Isolation (Siliziumnitrid) und einer Metallschicht (Chrom) auf der Membran durch Verfahren der Dünnschichttechnik, z.B. Plasmadeposition und Sputtern
- Strukturieren der Widerstände durch Fotolithografie und Ätzen
- Abdecken mit einer weiteren Isolationsschicht zum Schutz

Drucksensoren auf Stahlmembranen sind sehr robust, aber in der Herstellung teuer. Für den Massenmarkt werden heute Drucksensoren in Siliziumtechnik hergestellt. Bei diesen wird die Membran aus Silizium geätzt. Die Widerstände werden in Silizium ausgeführt, so dass man den großen piezoresistiven Effekt im Halbleiter nutzen kann. Das Verständnis dieser Sensoren erfordert die Kenntnis der Siliziumtechnologie, die wir hier nicht besprechen. Ich möchte dafür auf „Sensors and Measurement Systems" verweisen.

R Rand

R TK

R Mitte

Bild 4.16: Foto eines Drucksensors auf einer Stahlmembran
Wir sehen zwei Mäander in der Mitte und zwei am Rand der Membran.
Ein weiterer Mäander außerhalb der Membran dient der
Temperaturkompensation[9].
Der Sensor hat einen Durchmesser von 8mm.

4.3 Der Instrumentenverstärker

Um die Wheatstone-Brücke auszuwerten benötigen wir einen Differenzverstärker mit
hoher Eingangsimpedanz an beiden Eingängen. Wir kennen aus Bild 3.10 den
Subtrahierer, der allerdings im Eingang nicht hochohmig ist. Daher ergänzen wir den
Subtrahierer um zwei Nichtinverter. Dabei beziehen wir die Nichtinverter nicht wie
üblich auf Masse, sondern aufeinander, wie es in Bild 4.16 durch den Widerstand R_1
geschieht.

Der Einfachheit halber setzen wir alle Widerstände gleich R. Wir wenden die
Grundregel I (Potential der Eingangsklemmen ist gleich) auf die beiden Nichtinverter
an und finden für die Spannung an R_1

---

[9] https://www.kmw-microsystems.eu/produkte/

$U(R_1) = U_1 - U_2$ an.   (4.11)

Die drei senkrechten Widerstände sind gleich und bilden einen Spannungsteiler. Also gilt

$$U(R_1) = \frac{1}{3}(U'_1 - U'_2)$$ (4.12)

$$U'_1 - U'_2 = 3(U_1 - U_2) \qquad .$$ (4.13)

Der dritte OpAmp ist ein invertierender Subtrahierer, also

$$U_a = -(U'_1 - U'_2) = -3(U_1 - U_2)$$ (4.14)

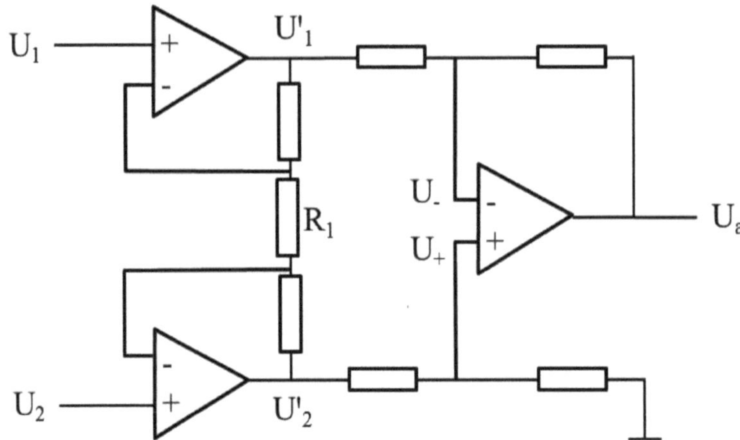

Bild 4.16: Der Instrumentenverstärker ist ein Differenzverstärker mit hoher Eingangsimpedanz an beiden Eingängen.
Wir nehmen an, dass alle Widerstände gleich R sind.

Warum erdet man die Nichtinverter im Eingang nicht wie üblich? Der Vorteil ist, dass der Nullpunkt stabil gegen Drift der Einzelwiderstände wird. In der Spannungsdifferenz vor dem Subtrahierer tritt nur die Summe der Widerstände des Spannungsteilers auf, nicht die Einzelwerte. Wenn ein Widerstand driftet, dann wird sich die Verstärkung ein wenig ändern, aber nicht der Nullpunkt.

4.4. Kapazitätsmessung, komplexe Brückenschaltung

Nun kommen wir zur Messung komplexer Impedanzen: Im Wesentlichen geht es um Kapazitäten, aber die Verfahren lassen sich auf Impedanzen übertragen.

Der Differenzialkondensator

Eine direkte Messung der Kapazität als Wechselstromwiderstand ist möglich, erfordert aber zwei geeichte Größen, nämlich Strom und Spannung. Wie wir beim ohmschen Widerstand gesehen haben, ist es besser mit einer bekannten Kapazität zu vergleichen, also eine Halbbrücke aufzubauen. Besonders interessant ist der Differenzialkondensator den Bild 4.17 zeigt. Hier wird eine Kapazität verringert, während eine andere erhöht wird. Realisiert wird das z.B. durch eine bewegliche Platte zwischen 2 festen Platten.

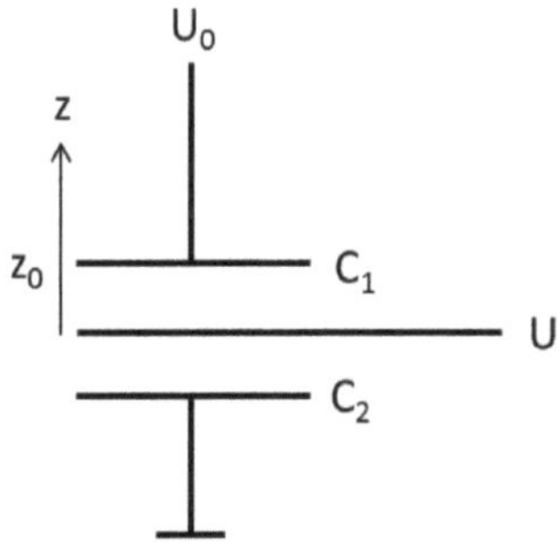

Bild 4.17: Der Differenzialkondensator:
Eine bewegliche Platte zwischen zwei festen Platten mit Abstand $2z_0$.
$z = 0$ ist die Mittellage zwischen den beiden Platten.
Die bewegliche Platte kann sich also zwischen $-z_0$ und $+z_0$ bewegen.
Für positive z bewegt sich die Mittelplatte nach oben.

Wir schreiben die Kapazitäten C als komplexe Impedanzen $\underline{Z}$ (die Unterstreichung kennzeichnet einen komplexen Wert)

$$\underline{Z} = \frac{-j}{\omega C} \tag{4.15}$$

Jetzt können wir den komplexen Spannungsteiler schreiben:

$$U = U_0 \frac{\dfrac{-j}{\omega C_2}}{\dfrac{-j}{\omega C_1} + \dfrac{-j}{\omega C_2}} = U_0 \frac{C_1}{C_1 + C_2} \qquad (4.16)$$

Die einzelnen Kapazitäten sind

$$C_1 = \frac{\varepsilon A}{z_0 - z} \qquad C_2 = \frac{\varepsilon A}{z_0 + z} \qquad (4.17)$$

Das ergibt

$$U = U_0 \frac{\dfrac{1}{z_0 - z}}{\dfrac{1}{z_0 - z} + \dfrac{1}{z_0 + z}} = U_0 \frac{z_0 + z}{2 z_0} \qquad (4.18)$$

Die Spannung ist also linear zwischen $U = 0$ bei Berührung der Masseplatte ($z = -z_0$) bis $U = U_0$ bei Berührung der oberen Platte ($z = +z_0$).

Wie die Widerstandsmessbrücke ist auch der Differenzialkondensator geeignet, um den Temperaturgang kapazitiver Sensoren zu kompensieren.

Differenzialkondensatoren werden sehr gerne in der Sensorik eingesetzt. Ein Beispiel ist der kapazitive Beschleunigungssensor in Bild 4.18 und 4.19.

Eine bewegliche Masse ist an einer Feder aufgehängt und wird durch die Trägheitskraft ausgelenkt. Diese Auslenkung wird durch die Differenzialkondensatoren gemessen, von denen mehrere parallel geschaltet sind, um mehr Signal zu erhalten. Der Sensor wird als dünne Schicht auf einem Siliziumwafer hergestellt. Diese Technologie nennt man Oberflächenmikromechanik. Die wesentlichen Schritte bei der Herstellung sind (sehr stark vereinfacht):

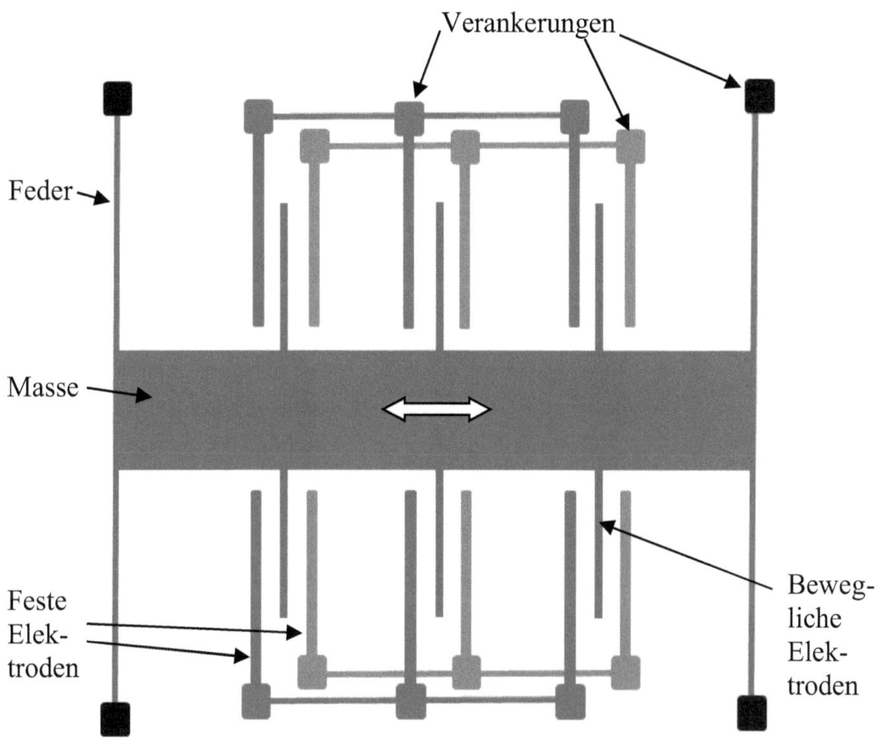

Bild 4.18: Ein kapazitiver Beschleunigungssensor, von oben gesehen, stark vereinfacht. Alle Strukturen sind aus einer Siliziumdünnschicht geätzt. Es gibt 3 Potentiale, wie für einen Differenzialkondensator nötig.

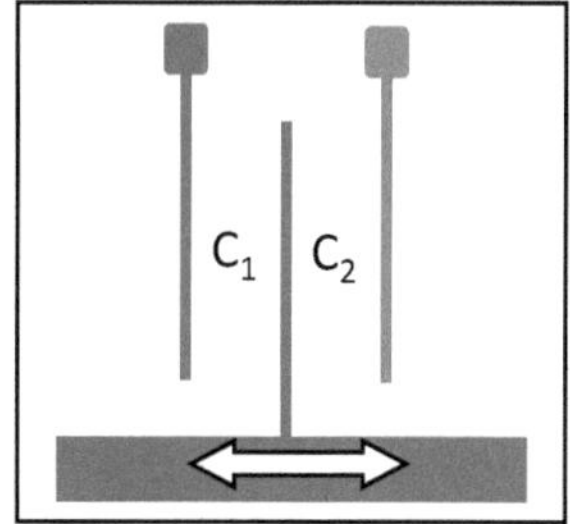

- Abscheiden einer Isolationsschicht aus Siliziumnitrid.
- Abscheiden und Strukturieren einer Opferschicht aus Siliziumoxid dort, wo später ein Abstand zwischen den beweglichen Strukturen und dem Chip sein soll.
- Abscheiden und Strukturieren der Strukturschicht aus dünnem polykristallinem Silizium.
- Entfernen der Opferschicht mit Flusssäure, so entsteht der Zwischenraum. Die Strukturen können sich nun bewegen und werden nur noch an den Ankerpunkten gehalten.

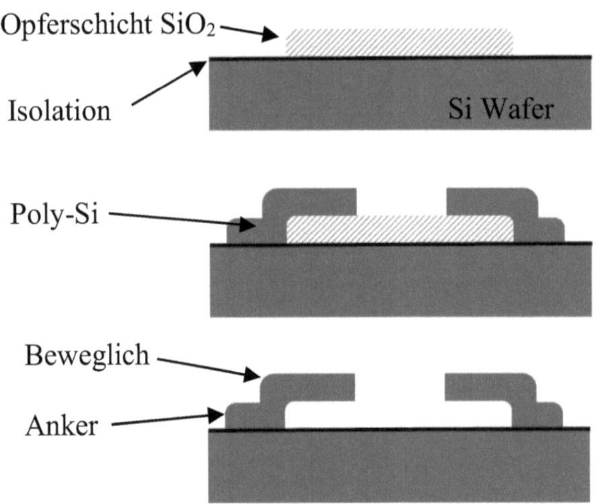

Bild 4.19: Ein kapazitiver Beschleunigungssensor in Siliziumtechnologie, von der Seite. Die Strukturen (Masse, Feder, Elektroden) sind aus einer Schicht aus polykristallinem Silizium (Poly-Si) hergestellt

Zur Auswertung des Beschleunigungssensors wird der Differenzialkondensator mit einer Frequenz von ca. 1 MHz betrieben, die phasenrichtig gleichgerichtet wird, um nach dem Lock-In Verfahren das Rauschen zu unterdrücken. Diese Sorte Beschleunigungssensoren ist sehr verbreitet[10]. Sie werden in Airbags eingesetzt, aber auch als Neigungssensoren in Smartphones, um den Bildschirm von senkrecht auf waagrecht umzuschalten.

---

[10] https://www.analog.com/en/products/sensors-mems/accelerometers.html

Komplexe Messbrücken

Kapazitäten und auch Induktivitäten können durch Messbrücken gemessen werden, wenn diese mit Wechselspannung gespeist werden. Auch hier müssen die Diagonalprodukte gleich sein, allerdings handelt es sich nun nicht mehr um ohmsche Widerstände, sondern um komplexe Impedanzen. Damit die Differenzspannung verschwindet, müssen Amplitude und Phase abgeglichen werden.

Auch hier gilt für den Abgleich: die Kreuzprodukte müssen gleich sein.

$$\underline{Z}_1 \cdot \underline{Z}_4 = \underline{Z}_2 \cdot \underline{Z}_3 \tag{4.19}$$

Da sowohl die Realteile, als auch die Imaginärteile jeweils gleich sein müssen, kann man die komplexe Gleichung in zwei Gleichungen auflösen.

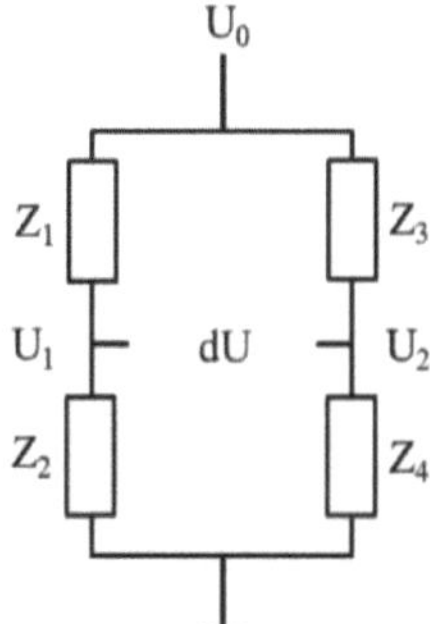

Bild 4.20: Komplexe Messbrücke

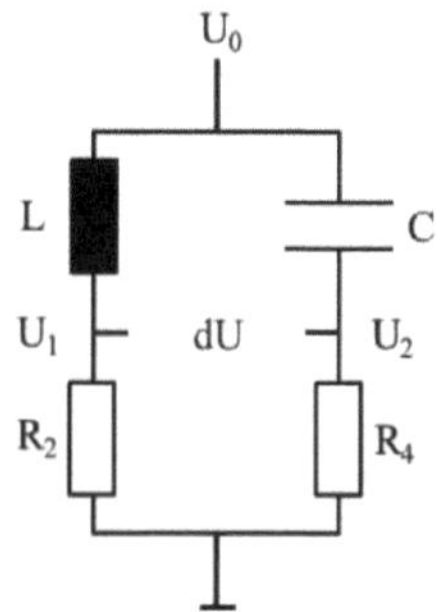

Bild 4.21: Ein Beispiel für eine Brücke, die man nicht abgleichen kann.

$\varphi_1 > 0$; $\varphi_2 < 0$

$\varphi_3 = \varphi_4 = 0$

$\varphi_2 + \varphi_3 = \varphi_1 + \varphi_4$ kann nicht sein

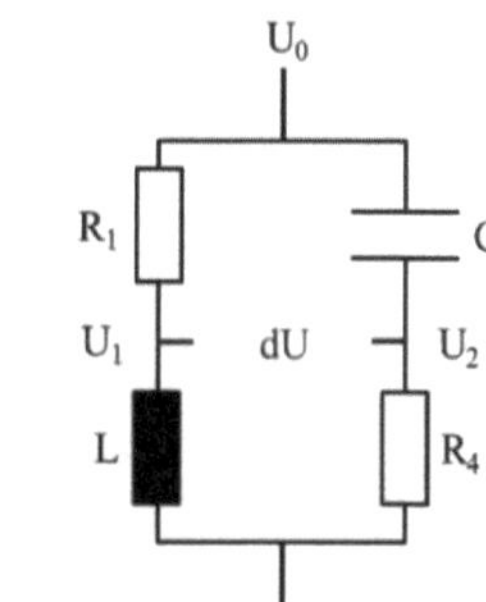

Bild 4.22: Hier ist der Abgleich möglich.

$\varphi_2 < 0$; $\varphi_3 > 0$

$\varphi_1 = \varphi_4 = 0$

$\varphi_2 + \varphi_3 = \varphi_1 + \varphi_4$ ist möglich

$$\underline{Z}_1 \cdot \underline{Z}_4 = \underline{Z}_2 \cdot \underline{Z}_3$$

In Koordinatenform:

$$\underline{Z}_i = R_i + jX_i$$
$$R_2R_3 - X_2X_3 = R_1R_4 - X_1X_4 \qquad\qquad (4.20)$$
$$X_2R_3 + X_3R_2 = X_1R_4 + X_4R_1$$

In Polarform:

$$\underline{Z}_i = Z_i e^{j\varphi_i}$$
$$Z_2Z_3 = Z_1Z_4 \qquad\qquad (4.21)$$
$$\varphi_2 + \varphi_3 = \varphi_1 + \varphi_4$$

Zur Erinnerung die komplexe Impedanz von Kapazität und Induktivität:

$$\text{Kapazität: } \underline{Z} = \frac{-j}{\omega C} \qquad\qquad \text{Induktivität: } \underline{Z} = j\omega L \qquad (4.22)$$

Nicht alle komplexen Brücken kann man abgleichen. Die Brücke in Bild 4.21 kann man nicht abgleichen, egal wie man die Größen wählt. Auf der einen Seite der Gleichung steht eine Kapazität und auf der anderen eine Induktivität. Auf der einen Seite von Formel (4.21) eilt der Strom der Spannung voran, auf der anderen Seite eilt die Spannung voran. Das Gleichheitszeichen ist also immer falsch. Anders in Bild 4.22: Positive und negative Phasenverschiebung stehen hier auf einer Seite der Gleichung. Wenn die Größen richtig gewählt werden, dann ist die Phase auf beiden Seiten null und die Amplitude gleich. Dann ist die Brücke abgeglichen.

Kapazitäten und Induktivitäten beschreibt man oft mit ihren Verlustwiderständen. Eine „reale Kapazität" ist ein Kondensator, dem ein Verlustwiderstand parallel-geschaltet ist, um die Entladung durch Kriechstrom darzustellen. Bei einer „realen Induktivität" schaltet man einen Widerstand in Serie, der den ohmschen Widerstand des Drahts beschreibt. Brücken für diese Messaufgaben sind in den Bildern 4.23 bis 4.25 dargestellt. Besonders interessant ist die Maxwellbrücke, die eine komplexe Impedanz misst und trotzdem mit ohmschen Widerständen als Stellelementen auskommt. Man hat zwei Einstellelemente, also muss der Abgleich sukzessiv erfolgen, bis beide stimmen. Das entspricht der Tatsache, dass (4.19) als komplexe Gleichung ja eigentlich ein Gleichungssystem mit zwei Gleichungen darstellt, wie in (4.20) und (4.21) zu sehen.

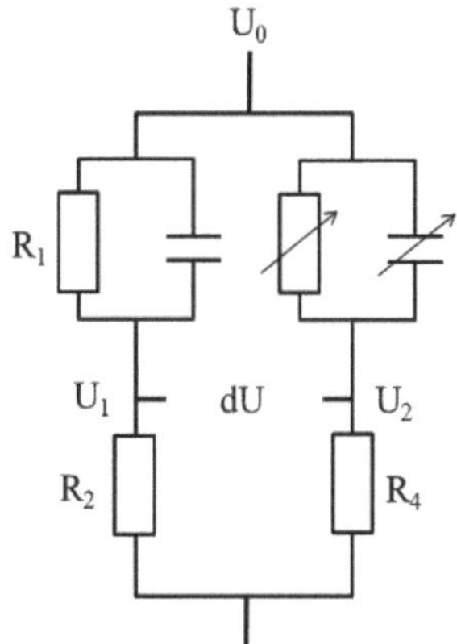

Bild 4.23: Wien Brücke für Kapazität

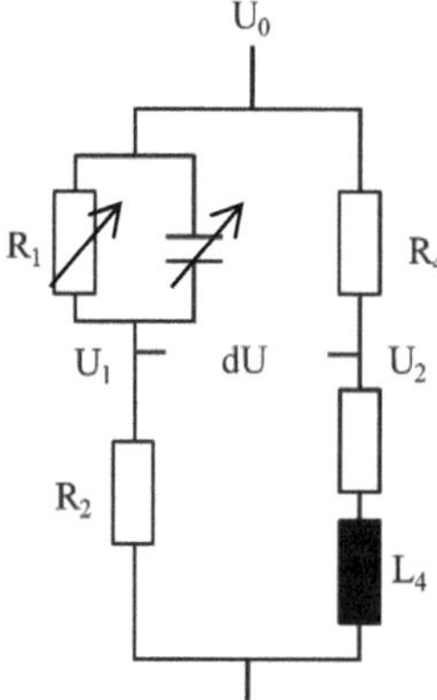

Bild 4.24: Maxwell-Wien-Brücke für Induktivität

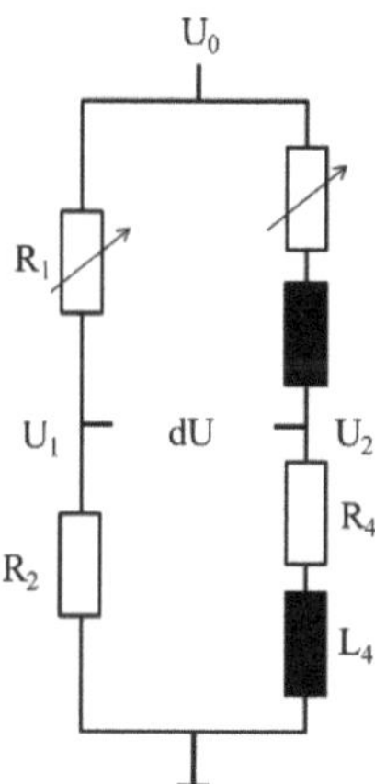

Bild 4.25: Maxwell-Brücke für Induktivität

Ein Beispiel für eine komplexe Brücke ist der Tastkopf mit kompensiertem Spannungsteiler. Er wird verwendet, um eine Spannung U_{AC} mit einer Messspitze abzugreifen und zu messen. Betrachten wir als Beispiel einen Hochspannungstastkopf, der an der Spitze einen Eingangswiderstand von 10 MΩ hat. R_T und R_M teilen die Spannung im Verhältnis 100:1, so dass am Eingang des Oszilloskops U_M noch 1/100 der AC-Spannung anliegt. Da parasitäre Kapazitäten unvermeidlich sind, entstehen RC-Zeitkonstanten. Sind diese für den oberen und den unteren Teil des Spannungsteilers im Ersatzschaltbild (Bild 4.27) verschieden, dann wird das Teilverhältnis nach einer Änderung des Signals erst mal abweichen, bis die Kapazitäten wieder entsprechend geladen sind. Das führt z.B. dazu, dass eine Rechteckschwingung verzerrt wird. Die Aufgabe des kompensierten Tastkopfs ist, dies zu verhindern: das Teilverhältnis soll auch bei schnellen Signaländerungen immer konstant sein.

Man kann den Tastkopf als komplexe Brücke verstehen (Ersatzschaltbild, Bild 4.27). Wenn man C_T so einstellt, dass die Brücke abgeglichen ist, dann verschwindet die Brückenspannung. Die beiden Mittelabgriffe wären dann also gleich, auch ohne die elektrische Verbindung. Also teilen dann die Kapazitäten die Spannung genauso wie die ohmschen Widerstände und entsprechend auch für alle Frequenzen gleich.

$$\underline{Z}(C_T) \cdot \underline{Z}(R_M) = \underline{Z}(C_M + C_K) \cdot \underline{Z}(R_T)$$

$$\frac{-j}{\omega C_T} R_M = \frac{-j}{\omega(C_M + C_K)} R_T \tag{4.23}$$

$$R_T C_T = R_M (C_M + C_K)$$

Formel (4.23) zeigt, dass die Frequenzkompensation dann der Fall ist, wenn der obere und der untere Teil der komplexen Brücke die gleiche RC-Zeitkonstante haben.

Wie kann man den Abgleich praktisch vornehmen? Man gibt ein Rechtecksignal an den Eingang. Wenn eine Phasenverschiebung vorliegt, dann wird das Rechteck verformt. Man stellt also C_T so lange nach, bis am Oszilloskop ein unverformtes Rechtecksignal erscheint.

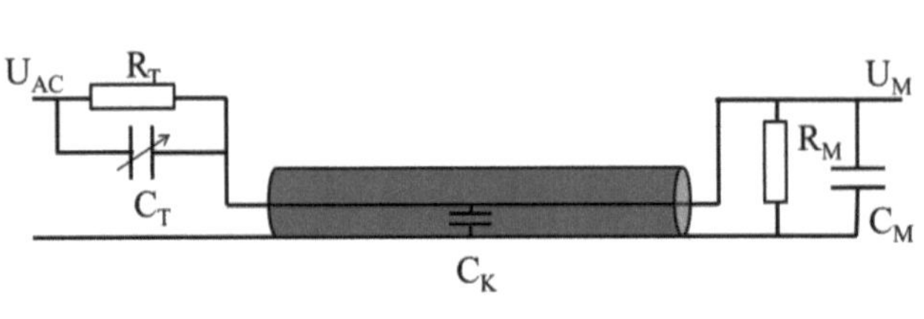

Bild 4.26: Hochspannungstastkopf
R_T, C_T: Widerstand und Kapazität des Tastkopfes
C_K: Kapazität im Koaxialkabel
R_M, C_M: Widerstand und Kapazität im Messgerät

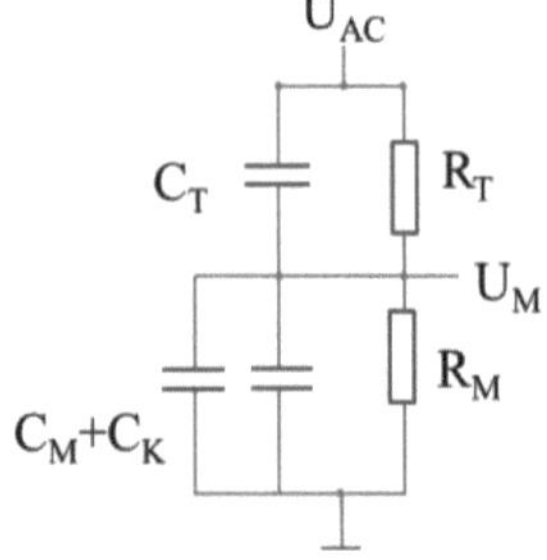

Bild 4.27:
Ersatzschaltbild des HF-Tastkopfs

4.5 Elektronische Schaltungen zur Kapazitätsmessung

Zur Auswertung kapazitiver Sensoren werden in der Praxis elektronische Schaltungen eingesetzt, die eine Kapazität in eine Spannung oder eine Frequenz umsetzen.

1. Bei der <u>Switched Capacitor Schaltung</u> wird ein Kondensator durch zwei (Halbleiter) Schalter regelmäßig geladen und entladen. Ladung pro Zeit ist Strom. Also fließt ein mittlerer Strom, der durch die Schaltfrequenz f, die Spannung und die Kapazität C bestimmt wird. Bezogen auf den mittleren Strom wirkt die Kapazität wie der äquivalente ohmsche Widerstand im Ersatzschaltbild.

Bild 4.28: Switched Capacitor Schaltung und resistives Ersatzschaltbild

$$R_{eq} = \frac{1}{C \cdot f} \qquad (4.24)$$

Neben der C-Messung wird die Switched Capacity Schaltung eingesetzt, um in integrierten Schaltungen Widerstände zu ersetzen. Man will auf ICs keine Widerstände, weil sie Platz brauchen und Wärme generieren. Die Switched Capacity begrenzt den Strom wie ein Widerstand, macht aber keine Joulesche Wärme.

2. Kapazitäts-Frequenz-Wandlung: Sehr häufig eingesetzt werden Schaltungen die mit Schwingkreisen oder astabilen Kippschaltungen eine Kapazität oder eine Induktivität in eine Frequenz umsetzen. Dazu kann man Operationsverstärker als Komparatoren verwenden.

Rufen wir uns den Komparator ins Gedächtnis: Als Komparator wirkt ein OpAmp, dessen Eingänge auf verschiedenem Potential liegen. Liegt der U+ Eingang auf höherem Potential, dann liegt der Ausgang auf der positiven Versorgungsspannung, liegt der U+ Eingang auf niedrigerem Potential, dann liegt der Ausgang auf der negativen Versorgungsspannung.

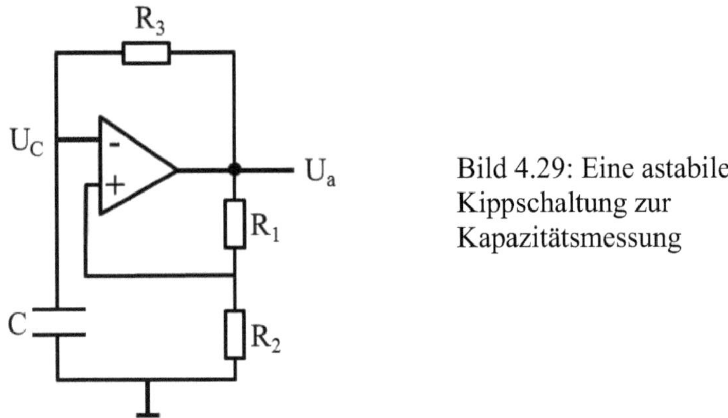

Bild 4.29: Eine astabile Kippschaltung zur Kapazitätsmessung

Zur C-Messung verwenden wir eine astabile Kippschaltung wie in Bild 4.29 [11]. Am Anfang liegt der Ausgang auf +U und der Kondensator wird aufgeladen. Wenn U_c die Referenzspannung erreicht, die durch den Spannungsteiler R1/R2 bestimmt ist, dann schaltet der Komparator. Aus Ladung wird Entladung, die Ausgangsspannung und die Referenzspannung ändern das Vorzeichen. Nach einer gewissen Zeit der Entladung des Kondensators wird wieder die Referenzspannung erreicht, der Komparator schaltet wieder usw... So entsteht am Ausgang ein Rechtecksignal. Aus der Periodendauer kann man den Wert der Kapazität berechnen.

Hier wird also die Kapazität in eine Frequenz umgewandelt. Frequenzkodierung hat einige Vorteile:
- Man kann die Informationen einfach galvanisch entkoppeln, z.B. mit Optokopplern.
- Die Signale lassen sich auch mit Glasfasern übertragen.
- Robust gegen schwankende Versorgungsspannung.
- Man braucht keinen Analog-Digital-Wandler mehr, sondern einen Impulszähler.
- Die Verstärkung ist einfach, da der Verstärker nicht die Qualität eines Messverstärkers haben muss.
- Robust gegen elektromagnetische Störungen.

---

[11] E. Schrüfer: Elektrische Messtechnik

3. Impulsbreitenmodulation: Bei der Frequenzkodierung müssen wir eine genaue Zeitbasis vorhalten, da wir Impulse zählen. Diesen Nachteil vermeidet die Impulsbreitenmodulation nach Bild 4.30.

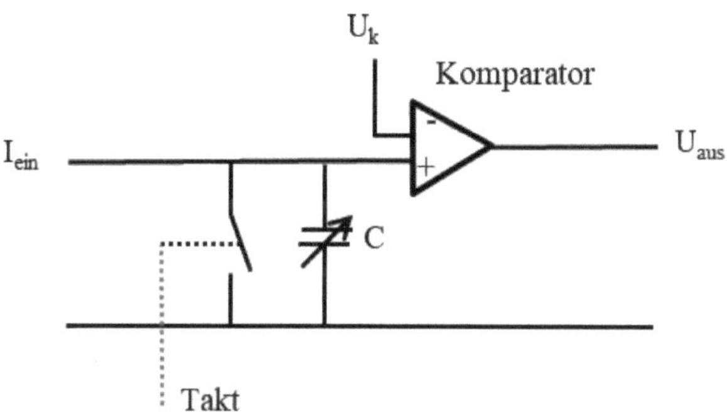

4.30: Impulsbreitenmodulation

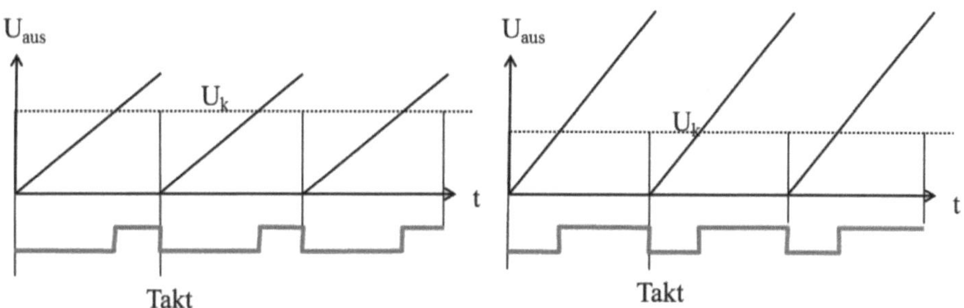

Bild 4.31: Ausgangsspannung bei der Impulsbreitenmodulation. Links eine größere, rechts eine kleinere Kapazität.

Zu Beginn ist der Kondensator entladen und der Ausgang des Komparators negativ. Nun wird der Kondensator durch den Eingangsstrom aufgeladen. Wenn die Referenzspannung U_K erreicht wird, dann schaltet der Komparator auf positiv. Wenn das Taktsignal kommt, dann wird der Kondensator wieder entladen, der Komparator schaltet wieder auf negativ und die Aufladung beginnt von neuem. So entsteht ein Rechtecksignal mit der Frequenz des Taktsignals. Die Information ist im Tastverhältnis des Rechtecksignals, wie Bild 4.31 zeigt. Die kleine Kapazität rechts im Bild wird schneller aufgeladen. Eine große Kapazität führt zu einem langsamen Aufladen und damit zu einem späten Schaltzeitpunkt des Triggers. Aus dem Tastverhältnis der Rechteckschwingung kann man die Kapazität errechnen. Der Vorteil ist, dass die Information in jedem Impuls vollständig enthalten ist. Weiterhin ist keine Zeitbasis nötig, da zwei Zeiten verglichen werden. Im Beispiel messen wir die Kapazität, aber natürlich kann man mit der Schaltung bei bekannter Kapazität auch Strom, Spannung oder Widerstand messen.

4.6 Beispiele für kapazitive Messungen:

Feuchtesensor

Die Luftfeuchte ist eine wesentliche Messgröße für Klimatechnik und Lebensmittellagerung, aber auch in der Industrie. Die wichtigste Messmethode ist der kapazitive Feuchtesensor. In einem porösen Material lagert sich immer Feuchte in den Poren an. Die Menge des eingelagerten Wassers steigt mit der relativen Feuchte der Luft. Da Wassermoleküle ein großes Dipolmoment haben, wird durch diese Anlagerung die Dielektrizitätskonstante ε_R des Materials erhöht. Nun müssen wir nur das Material als Dielektrikum in einem Kondensator (Plattenfläche A, Plattenabstand d) einsetzen und finden:

$$C = \varepsilon_0 \varepsilon_R \frac{A}{d} \tag{4.25}$$

Aus C ergibt sich die relative Dielektrizität ε_R und daraus die Anzahl der Wassermoleküle pro Volumen.

Näherungssensoren

Viele Anwendungen betreffen die Detektion von Abstand, Annäherung und Gegenwart. Ein interessantes Beispiel ist der Näherungsschalter, mit dem man als Fußgänger Ampeln aufwecken kann, das gelbe Kästchen an der Ampel. Mein Körper ist leitfähig, also stellt meine Hand eine geerdete Fläche dar. Diese bildet mit der Messelektrode des Sensors einen Kondensator. Allerdings ist der Mast der Ampel aus Metall und sehr viel besser geerdet als mein Körper. Die kapazitive Kopplung über den Mast zur Erde ist so groß ist, dass meine Hand nicht mehr ins Gewicht fällt und auch nicht erkannt wird.

Nun kommt ein neues Prinzip zum Einsatz: die aktive Schutzelektrode. Sie liegt zwischen der Messelektrode und dem Mast. Die aktive Schutzelektrode wird mit einem Spannungsfolger auf dem Potential der Messelektrode gehalten. Da zwischen Schutzelektrode und Messelektrode kein Potentialunterschied besteht, gibt es auch kein Feld. Die Messelektrode spürt den Mast nicht mehr, und die kleine Kopplung an meinen Körper kann jetzt detektiert werden. Die Schutzelektrode verbraucht dabei elektrische Leistung. Dies belastet die Messelektrode aber nicht, da die Leistung aus dem Spannungsfolger kommt.

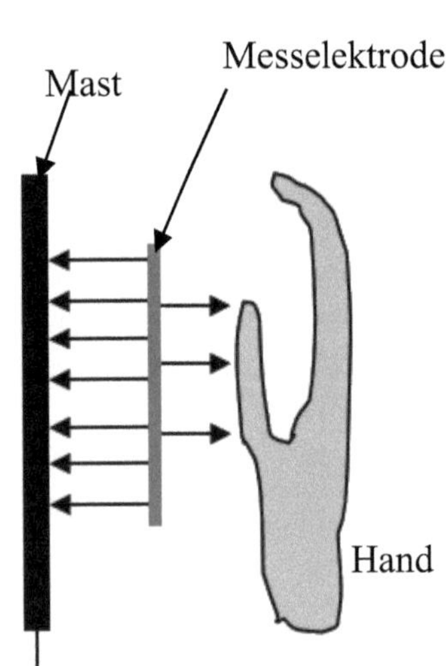

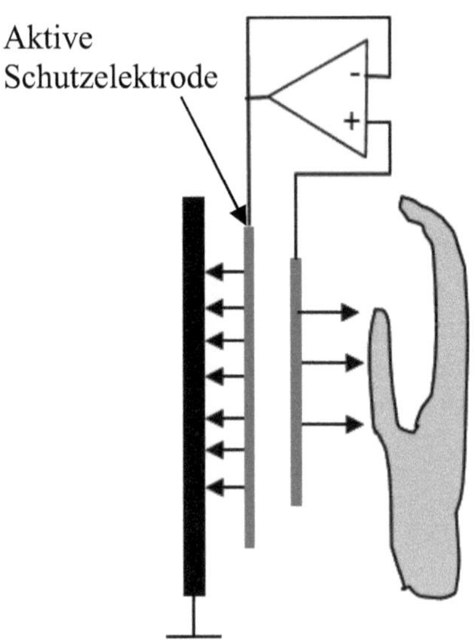

Bild 4.32: Kapazitiver Näherungsschalter und parasitäre Kapazität: Die Feldlinien zeigen, dass die kapazitive Kopplung zum Mast größer ist als die Kopplung zur Hand.

Bild 4.33: Durch die aktive Schutzelektrode (driven shield) wird die Kopplung zum Mast neutralisiert.
Bild nach Jakob Fraden[12]

Bei vielen Kapazitätsmessungen entstehen Probleme durch parasitäre Kapazitäten und durch Kriechströme. Dabei kann man oft Schutzelektroden einsetzen. Eine andere Möglichkeit ist die Messung des Stroms mit einem Inverter (Transimpedanzverstärker), weil man dann beide Seiten der parasitären Kapazität auf Masse legen kann, so dass sie unwirksam wird.

Impedanzspektroskopie
Bei welcher Frequenz sollte man eine Kapazität messen? Zunächst meint man, das wäre egal, die Erfahrung belehrt einen aber anders. Wenn man einen kapazitiven Sensor bei der falschen Frequenz ausliest, dann kann es passieren, dass man nahezu

---

[12] Jakob Fraden: Handbook of Modern Sensors. Springer, 2010

keinen oder gar keinen Messeffekt bekommt. Das liegt daran, dass Kondensatoren nie rein auftreten. Man hat immer ein Netzwerk aus dem Messkondensator, parasitären Kapazitäten, Leitungswiderständen und Isolationswiderständen. Je nach der Frequenz ist eine andere Komponente dieses Netzes dominant. Man muss also die Frequenz finden, bei der die Sensorkapazität das Verhalten bestimmt. Das Gleiche gilt auch für resistive Messungen, wenn sie mit Wechselstrom durchgeführt werden.

Eine Methode zur Analyse passiver Netzwerke ist die Impedanzspektroskopie oder dielektrische Spektroskopie. Dabei wird das System mit einer Wechselspannung angeregt, die Frequenz wird gesweept, und der Ausgang wird nach Amplitude und ggf. auch Phase analysiert. Man stellt für das System ein Ersatzschaltbild aus Widerständen und Kapazitäten auf. Dieses wird so lange angepasst, bis der Frequenzgang des Ersatzschaltbilds mit dem der Messung übereinstimmt.

Ein wichtiges Beispiel ist die Untersuchung der Grenzfläche zwischen Metallen und leitfähigen Flüssigkeiten. Dies benötigt man z.B. für die Entwicklung von Batterien und elektrisch aktiven Implantaten (Herzschrittmacher, Neurostimulatoren), sowie für die Messung von Korrosion und die Degradation von Beschichtungen. Bild 4.34 zeigt die Grenzfläche zwischen einem Metall und einem Elektrolyten in einem elektrochemischen Bad.

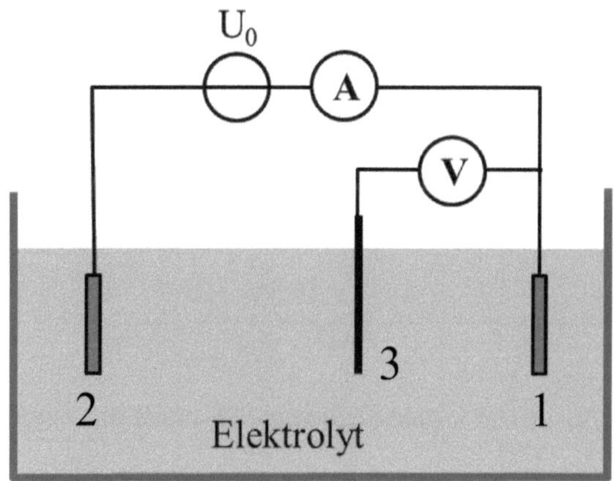

Bild 4.34:
Elektrochemisches Bad mit drei Elektroden:
1: Arbeitselektrode: Messobjekt, z.B. eine beschichtete Metallplatte
2: Gegenelektrode
3: Messelektrode (Bezugselektrode)

Die Messung im elektrolytischen Bad erfolgt mit drei Elektroden. Hätte man nur die Probe (Arbeitselektrode) und eine Gegenelektrode, dann würde man den Übergangswiderstand R_1 an der Arbeitselektrode plus den Übergangswiderstand R_2

an der Gegenelektrode messen und könnte die beiden nicht trennen. Deswegen wird eine stromlose Bezugselektrode eingesetzt, deren Übergangswiderstand R_3 die Messung nicht beeinflusst, da die Referenzelektrode ja stromlos ist (kein Spannungsabfall). Man misst also den Spannungsabfall der Arbeitselektrode zum Fluid, nicht den zur Gegenelektrode.

Bild 3.35 zeigt die Messung einer Grenzfläche Metall – Elektrolyt, Bild 3.36 zeigt ein Ersatzschaltbild[13]. In der logarithmischen Darstellung der Amplitude gegen die Frequenz zeigt sich ein ohmscher Widerstand waagrecht, da sein Verhalten nicht von der Frequenz abhängt. Eine Kapazität zeigt mit steigender Frequenz gemäß
$\underline{Z} = -j/\omega C$ eine fallende Impedanz, also zeigt sie sich als abfallende Linie.

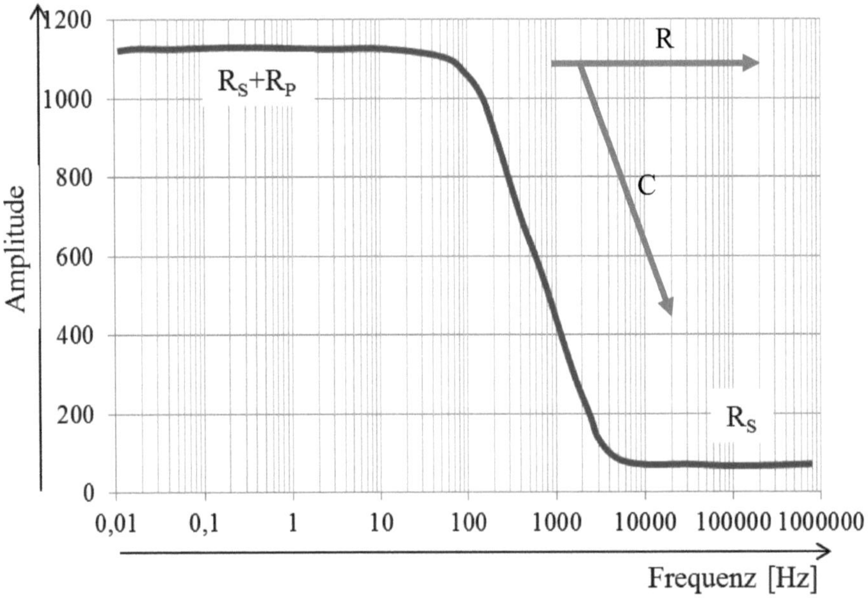

Bild 4.35: Dielektrische Spektroskopie an der Grenzfläche eines Metalls mit einem Elektrolyt

---

[13] Bilder nach E. Cafferty: Introduction to corrosion science, Springer 2010, Seite 432

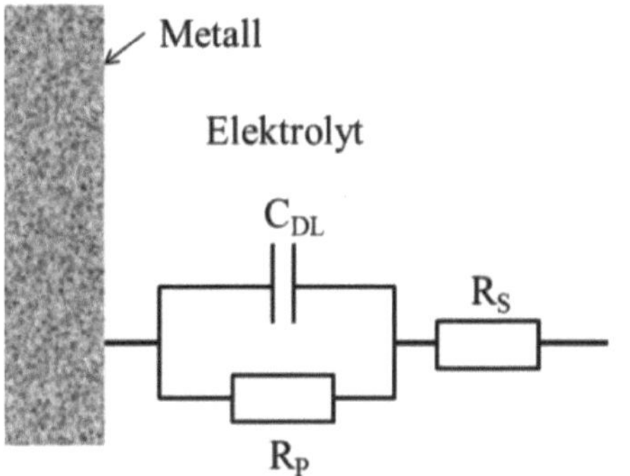

Bild 4.36: Ersatzschaltbild der Grenzschicht Metall-Elektrolyt
C_{DL} = Kapazität der dielektrischen Grenzschicht
R_P = Übergangswiderstand
R_S = Widerstand im Fluid

Bei niedrigen Frequenzen ist die Kapazität der Grenzschicht C_{DL} sperrend, das Ersatzschaltbild reduziert sich auf die beiden Widerstände R_P und R_S in Serie. Entsprechend verläuft die Kurve waagrecht bei hoher Impedanz. Bei hohen Frequenzen schließt der Kondensator den Widerstand R_P kurz und die Kurve wird von R_S bestimmt. Sie verläuft wieder waagrecht, bei niedriger Impedanz. Im mittleren Bereich dominiert die Kapazität das Verhalten und die Kurve fällt ab. Wenn die Grenzschicht sich verändert, z.B. durch Korrosion, dann wird die Kurve sich ändern.

Man misst über einen großen Frequenzbereich, im Beispiel 5 Zehnerpotenzen von 10 mHz bis 1 MHz. Dies ist nur mit großem elektronischem Aufwand möglich. Deswegen findet man das Verfahren meist in Forschung und Entwicklung. Wenn man ein Messgerät für die Anwendung baut, dann beschränkt man sich oft auf die Messung der Kapazität bei einer Frequenz. Man benötigt aber das Spektrum nach Bild 3.35, um die beste Messfrequenz zu finden. Betrachten wir noch einmal das Beispiel: Die Korrosion der Oberfläche könnte eine schwer leitende Schicht wie Rost erzeugen und daher den Übergangswiderstand R_P erhöhen. Würde ich nun bei einigen kHz messen, was ja naheliegend wäre, dann würde ich den Effekt gar nicht sehen, weil die Kapazität der Grenzschicht C_{DL} den Widerstand R_P kurzschließt. In diesem Fall muss ich also bei niedrigen Frequenzen messen.

4.7 Induktivität

Die meisten Verfahren der Kapazitätsmessung lassen sich mit leichten Abwandlungen einsetzen um Induktivitäten zu messen. Wann messe ich kapazitiv, wann induktiv? Kapazitäten lassen sich mit den Methoden der Mikrotechnologie leicht auf Siliziumchips realisieren. Also ist die kapazitive Messung die erste Wahl in der Mikrosensorik. Induktive Sensoren werden in der Regel feinmechanisch hergestellt und sind etwas größer. Daher sind sie gut geeignet zur Messung makroskopischer Bewegungen im Bereich von mm oder cm. Sie sind robuster bezüglich mechanischer Belastung und halten höhere Temperaturen aus.

Eine wichtige Anwendung ist die Messung von Relativbewegungen, also Linearverschiebungen und Rotation. Bild 3.37 zeigt einen Differentialtransformator zur Messung einer Linearbewegung.

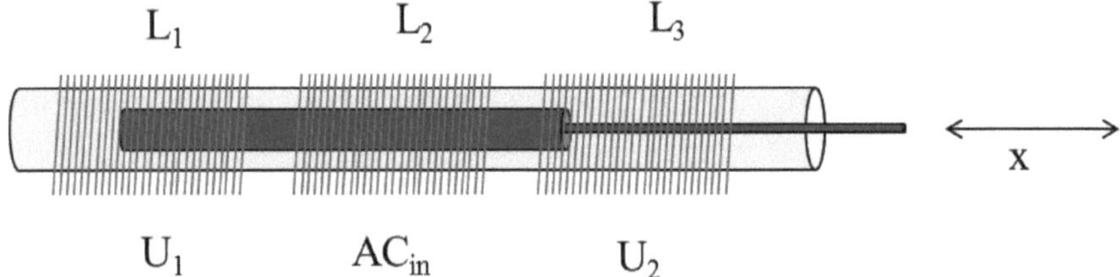

Bild 4.37: Differentialtransformator zur Messung einer Linearbewegung

Ein Eisenkern bewegt sich zwischen drei Spulen. Die mittlere Spule L_2 wird durch eine AC Spannung angeregt und magnetisiert den Eisenkern. Die beiden äußeren Spulen L_1 und L_3 sind so angebracht, dass der Kern bei Linearbewegung mehr oder weniger in sie eintaucht. Bei Bewegung nach links im Bild wird die Kopplung mit L_1 verbessert und die Spannung U_1 steigt.

Im Resolver (Bild 3.38) wird ein ähnliches Verfahren zur Winkelmessung eingesetzt. Hier nützt man aus, dass zwei magnetisierte Eisenkerne gut miteinander koppeln, wenn sie parallel ausgerichtet sind, aber schlecht, wenn sie senkrecht zu einander stehen. Deswegen darf man eine Drosselspule in Netzteilen nie parallel zum Netztrafo montieren, sonst fängt man Netzbrumm ein.

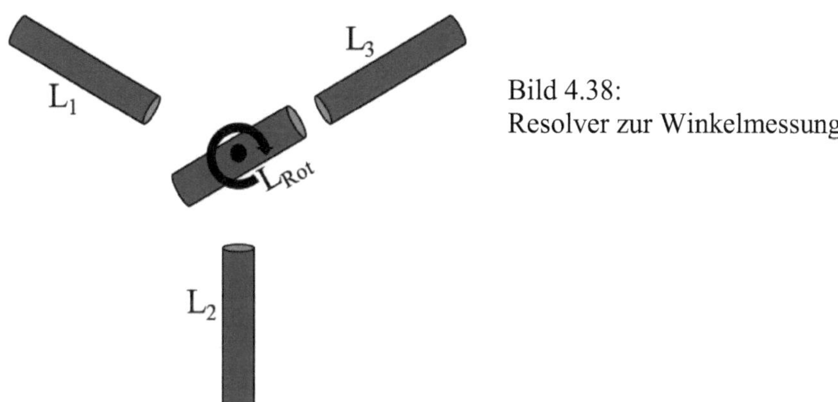

Bild 4.38:
Resolver zur Winkelmessung

Diese magnetische Messtechnik ist sehr robust, temperaturstabil und feuchteunempfindlich. Eine Alternative wäre die elektrische Messung mit Schiebe- und Drehpotentiometern. Diese sind aber nicht so stabil, da Teile mechanisch aufeinander reiben. Eine andere Alternative sind optische Drehgeber: kodierte Glasscheiben, die optisch ausgelesen werden. Diese Systeme sind sehr genau, jedoch auch sehr teurer.

❓ Wissensfragen:

- Wie sieht eine Messbrücke aus? Wann ist sie abgeglichen?
- Was ist der große Vorteil der Messbrücke?
- Was ist ein Dehnmessstreifen? Wie ist der piezoresistive Effekt definiert?
- Warum haben Metalle einen piezoresistiven Koeffizienten von $k \approx 2$?
- Warum ist die Näherung $k = 2$ sehr grob?
- Was ist der Unterschied zwischen dem piezoelektrischen und dem piezoresistiven Effekt?
- Welchen Vorteil hat es, 4 Messwiderstände in einer Brücke zu verschalten und nicht nur 2?
- Wie funktioniert ein Drucksensor?
- Was ist eine Ausschlagsmessbrücke? Wie hängt die Spannung vom Widerstand R_x ab?
- Wie funktioniert ein Instrumentationsverstärker? Was sind seine Vorteile?
- Was ist die Abgleichbedingung für eine komplexe Messbrücke?
- Was ist ein Differentialkondensator?
- Wie funktioniert ein kapazitiver Beschleunigungssensor?
- Was ist Opferschichttechnologie?
- Wie lautet die Abgleichbedingung für komplexe Brücken in Polarform?
- Was ist eine Wien-Brücke?
- Was ist eine Switched Capacity Schaltung?
- Was ist Impulsbreitenmodulation?
- Was ist Impedanzspektroskopie?
- Wie unterscheidet man im Impedanzspektrum resistives und kapazitives Verhalten?
- Wie funktioniert ein
    - Feuchtesensor?
    - Näherungssensor?
    - Differentialtransformator?
    - Winkelresolver?

Denkfragen 

4.1 Küchenwaage

In einer elektronischen Küchenwaage finden sich vier Federelemente, an jeder Ecke eine Feder. Auf den Federn sind je zwei Dehnmessstreifen integriert, wie es in Bild 4.39 und Bild 4.40 zu sehen ist.
Warum haben die Federn diese seltsame Geometrie?
Warum sind die Leiterbahnen des Widerstandsmäanders an den Umkehrpunkten verdickt?

1cm

Bild 4.39: Ein Federelement mit Dehnmessstreifen aus einer Küchenwaage

Bild 4.40: Detail des Federelements: Der Widerstandsmäander

Antwort

Die Federn sind so montiert, dass der äußere Rahmen mit dem Gehäuse der Waage verbunden ist. An jeder Ecke hat die Waage einen Plastikfuß. Diese sind so montiert, dass die die Kraft in die beiden Löcher der inneren Federn eingeleitet wird.

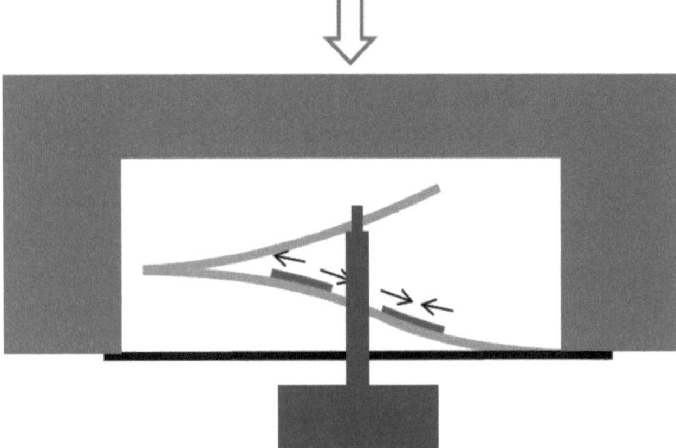

Bild 4.41: Der mechanische Belastungsfall der Feder.

Der Teil mit den Dehnmessstreifen wird S-förmig gebogen. Dadurch entsteht positive und negative Krümmung.

Auf diese Weise wird bei Belastung ein Dehnmessstreifen gedehnt und einer gestaucht, und man kann sie in eine Brücke schalten.

Warum sind die Leiterbahnen an den Umkehrpunkten verdickt?
Der Dehnmessstreifen soll Dehnung in x-Richtung messen, auf Dehnung in y-Richtung soll er nicht reagieren. Bild 4.42 zeigt, dass der DMS auch eine geringe Empfindlichkeit in y-Richtung haben muss, der Strom muss ja „um die Ecke". Durch die Verdickung im Umkehrpunkt wird der Widerstandswert der y-Anteile verringert und damit die Empfindlichkeit in y-Richtung. Dies ist sehr wichtig, wenn man eine Trennung von Dehnung und Temperatur durchführt, wie sie in den Bildern 4.12 und 4.13 gezeigt ist.

4.2 Drucksensor

Ein Drucksensor hat vier Dünnschichtmetallwiderstände auf einer Stahlmembran. Die Widerstände sind in einer Brücke verschaltet.
Der piezoresistive Koeffizient ist k = 2
Beim Nenndruck von 2 bar beträgt die Dehnung δl/l = 0,1%.
Die Versorgungsspannung der Bücke ist 5 V.
Wie groß ist die Brückenspannung bei Nenndruck?

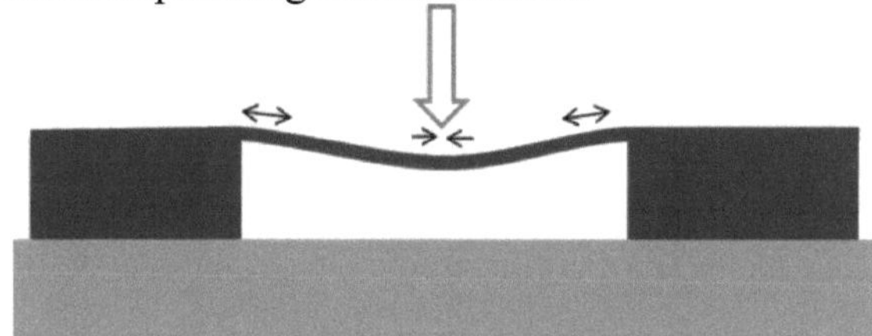

Bild 4.42: Drucksensor

Antwort:

$$\frac{dR}{R} = k\frac{dl}{l} = 0{,}002$$

Vollbrücke: $dU = U_0\,\frac{dR}{R} = U_0 k\,\frac{dl}{l} = 5V \cdot 2 \cdot 0{,}001 = 10\,mV$

Allgemein:

Empfindlichkeit: E=5 mV/bar

Relative Empfindlichkeit $\dfrac{E}{U_0} = \dfrac{1mV}{V\,bar}$

 **4.3   Parasitäre Kapazität in Bondpads**

Ein Beschleunigungssensor wie in Bild 4.18 wird auf einem Siliziumchip realisiert. Den elektrischen Kontakt macht man mit dünnen Drähten aus Gold. Auf dem Chip befinden sich Bondpads aus Metall, auf denen diese Bonddrähte kontaktiert werden. Die Bondpads bilden mit dem Silizium des Substrats einen Plattenkondensator. Dieser ist als parasitäre Kapazität parallel zum Sensor und verringert das Sensorsignal, da er einen Teil des Signals zur Masse hin ableitet, siehe Bild 4.43. Was kann man gegen diesen Effekt tun?

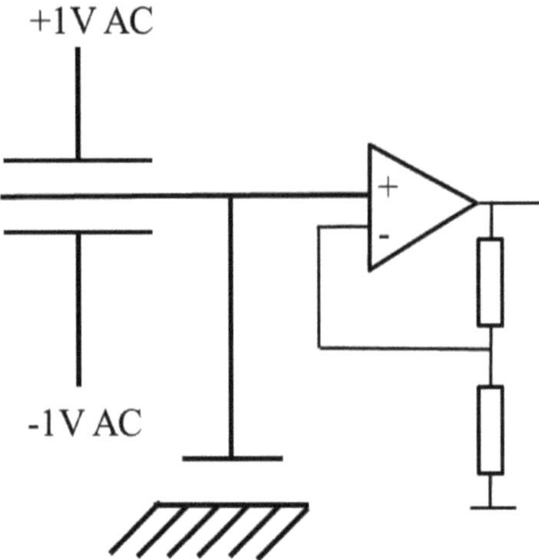

Bild 4.43: Parasitäre Kapazität

Antwort

1) Eine Methode ist die monolithische Integration: Wir realisieren den Sensor und die Elektronik auf einem Siliziumchip. Dann gibt es keine Bonddrähte und keine Bondpads. Der technologische Aufwand ist groß. Andererseits hat monolithische Integration Vorteile: bei großen Stückzahlen wird der Sensor billig, da man nur einen Chip herstellen muss und nicht zwei (für Sensor und Elektronik). Die Beschleunigungssensoren für den Massenmarkt (Auto, Smartphone, Consumer Elektronik) sind heute alle monolithisch integriert.

2) Wenn monolithische Integration nicht machbar ist, dann kann man den Sensor auf einem Substrat aus Quarzglas herstellen. Dann ist das Substrat nichtleitend und der parasitären Kapazität fehlt die untere Elektrode. Leider sind Quarzwafer sehr teuer, und die Technologie auf Quarz ist kompliziert. Dieses Verfahren wird nur bei wenigen teuren Spezialbauteilen für die HF-Technik eingesetzt.

Ville Kaajakari[14] gibt zwei elektronische Schaltungen an, um die parasitären Kapazitäten auszuschalten:

3) Nutzung einer aktiven Schutzelektrode (driven shield), wie in Bild 4.44. Die Gegenkopplung sorgt dafür, dass die Klemmenspannungen am OpAmp gleich sind, also liegt die Schutzelektrode auf dem Potential der Messspannung und über die parasitäre Kapazität fließt kein Strom mehr ab. Der technologische Aufwand ist hoch, weil man eine unterliegende Metallebene braucht, und eine weitere Isolationsebene.

---

[14] Ville Kaajakari: Practical MEMS, Small Gear Pub (2009)

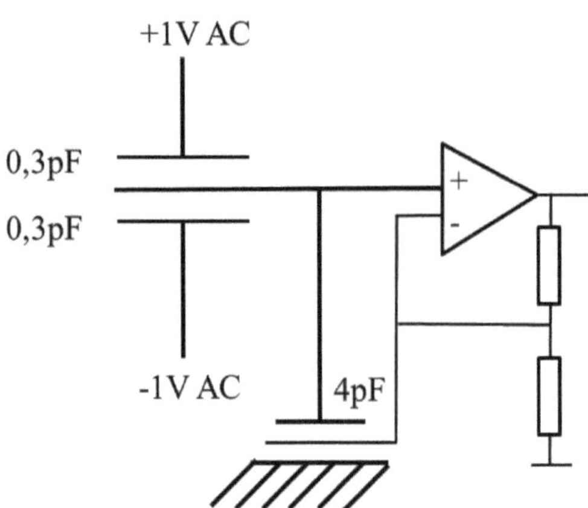

Bild 4.44: Schutzelektrode

4) Bild 4.45 zeigt eine sehr elegante Lösung: Die Nutzung eines Transimpedanz-verstärkers (Nichtinverter). Damit wird die Messspannung auf Masse festgepinnt. Der parasitäre Kondensator ist kurzgeschlossen. Wie können wir jetzt messen? Der Transimpedanzverstärker misst den Kurzschlussstrom. Bei Bewegung der Mittel-elektrode ändert sich der Strom zur Masse, und aus dem Strom kann man die Lage der Mittelelektrode berechnen.

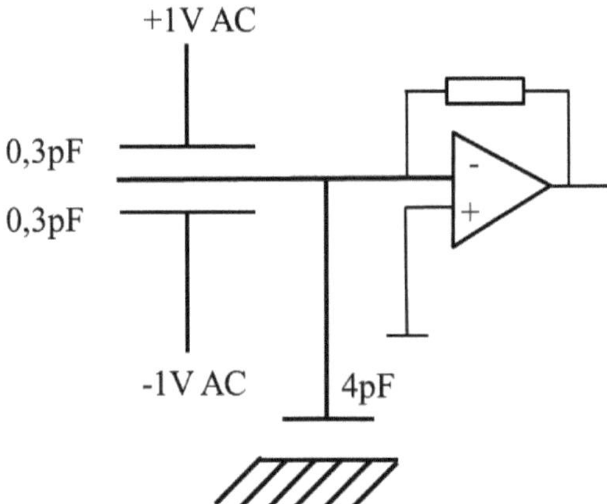

Bild 4.45: Transimpedanzvestärker

4.4 Abgleichbarkeit komplexer Messbrücken

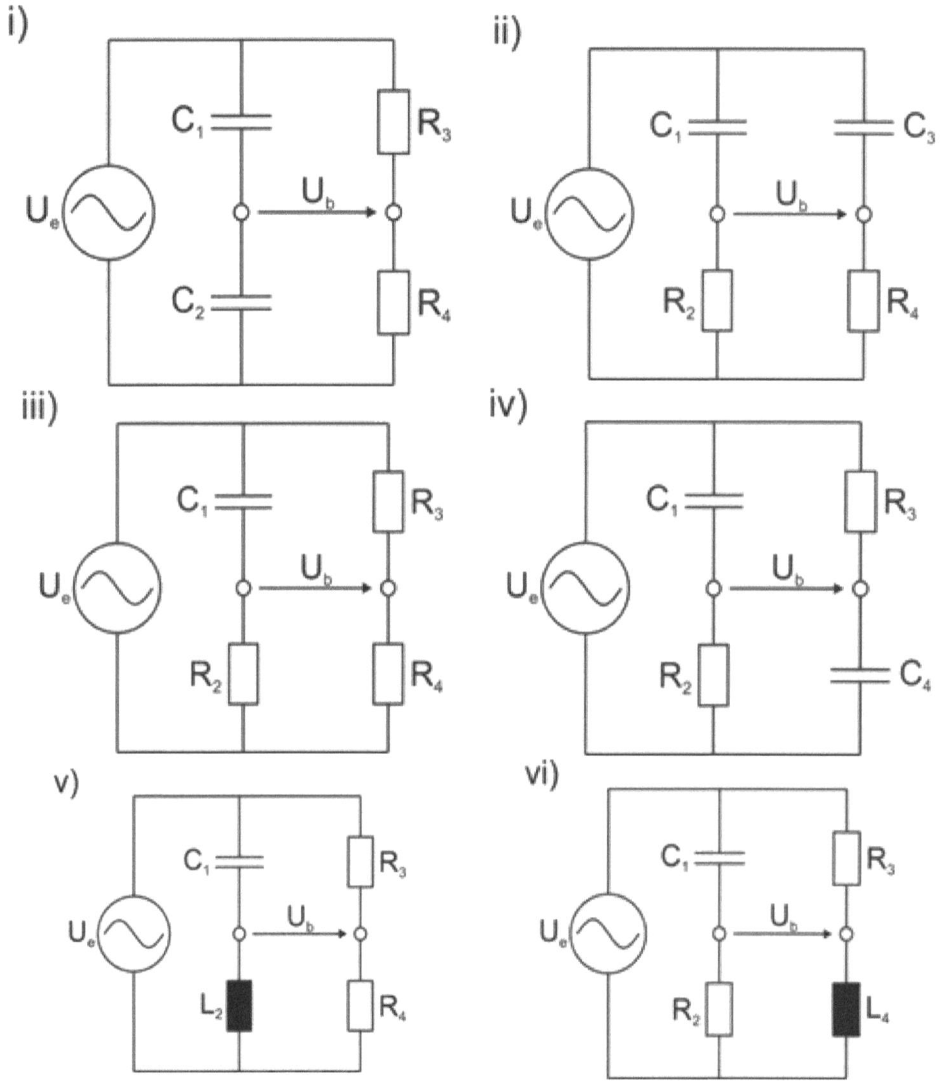

Bild 4.46: Welche der folgenden Messbrücken sind abgleichbar?

?

Antwort: Bedingung für Abgleich: $\varphi_1 + \varphi_4 = \varphi_2 + \varphi_3$

i	$\varphi_3 = \varphi_4 = 0$; für $\varphi_1 = \varphi_2$	Abgleich möglich
ii	Für $\varphi_1 = \varphi_3$	Abgleich möglich
iii	$\varphi_1 < 0$; $\varphi_2 = \varphi_3 = \varphi_4 = 0$	Abgleich nicht möglich
iv	$\varphi_1 < 0$; $\varphi_4 < 0$; $\varphi_2 = \varphi_3 = 0$	Abgleich nicht möglich
v	$\varphi_1 < 0$; $\varphi_2 > 0$	Abgleich nicht möglich
vi	$\varphi_1 < 0$; $\varphi_4 > 0$; für $\varphi_1 + \varphi_4 = 0$	Abgleich möglich

4.5   Kapazitiver Drucksensor

Wir haben einen kapazitiven Drucksensor mit einer Kapazitäts-Frequenzwandlung nach Bild 4.29. Die Frequenz wird mit einem Zähler bestimmt, der 1 Sekunde lang zählt. Man spricht dann von einer Torzeit von 1s.

Eichung: 1 bar $\rightarrow$ 200.000 Hz

2 bar $\rightarrow$ 190.000 Hz

Welche Frequenzänderung entspricht 1 mbar?

Können wir 1 mbar auflösen?

Wenn ich die Bandbreite auf 100 Hz erhöhe, wie ändert sich die Situation?

Antwort:

1000 mbar entspricht 10.000 Hz

1 mbar entspricht 10 Hz.

Messzeit eine Sekunde:

200.000 Pulse bzw. 200.010 Pulse kann man gut trennen, also können wir 1 mbar auflösen.

Wenn man die Messbandbreite auf 100 Hz erhöht, also die Torzeit auf 10 ms verkürzt, dann gilt: 2000 Pulse bzw. 2000.1 Pulse kann man mit einem Zähler nicht trennen. 1 mbar ist nicht mehr aufzulösen.

Eine Erhöhung der Frequenz um den Faktor 10 auf 2 MHz geht mit der gegebenen Schaltung nicht, dazu ist der OpAmp zu langsam. Man müsste dann auf schnellere Halbleiterbauteile wechseln.

4.6 Verdrillte Leitungen

In Messgeräten findet man oft Doppelleitungen, die verdrillt sind.
Warum?

Antwort:

Es geht darum, Störungen durch oszillierende Magnetfelder zu vermeiden, also um elektromagnetische Verträglichkeit (EMV).

Bild 4.47 zeigt einen Sensor mit einer Zuleitung, oben im Bild als Leiterschleife. Nehmen wir ein Magnetfeld B an, das senkrecht zur Bildebene liegt und mit 50Hz oszilliert. So ein Feld wird durch stromführende Leitungen oder durch Motoren bzw. Transformatoren erzeugt.

Bild 4.47:
Verdrillte
Messleitungen

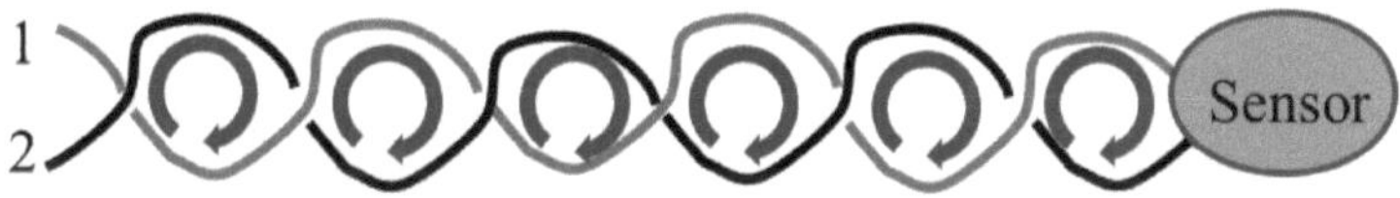

In der Leiterschleife wird eine Spannung U induziert:

$$U = -\int \frac{dB}{dt} dA$$

Die induzierte Spannung ist also proportional zur Fläche der Leiterschleife.
Wie groß kann der Effekt werden? Nehmen wir eine Feldstärke von 10^{-6} Tesla an. Das ist 1/50 des Erdmagnetfelds und kann typischer weise in 20 cm Abstand von einer Leitung mit 1 A Strom auftreten. Die Frequenz sei 50 Hz, die Fläche der offenen Schleife (Bild oben) sei 0,1 m². Dann wird eine Spannung von U = 5 µV induziert.

$$U = B\omega A = 10^{-6}\,\frac{Vs}{m^2}\cdot 50\;Hz\cdot 0{,}1\;m^2 = 5\;\mu V$$

Das würde empfindliche Messungen deutlich stören. Wenn starke Ströme fließen oder große Maschinen im Raum sind, dann kann das Magnetfeld aber sehr viel größer sein! Eine Tabelle mit den Feldstärken typischer magnetischer Störungen findet man auf: https://www.systronemv.de/de/grenzwerte/feldstärken-von-geräten.html

Wenn die Leitung verdrillt ist, wie unten im unteren Bild, dann ist jede Schlaufe eine kleine Fläche, in der Spannung induziert wird. Allerdings wechseln sich die Richtungen ab: wird bei der ersten Schleife die positive Spannung auf Leitung 1 liegen, so liegt sie auf der folgenden Schleife auf Leitung 2. Im Ergebnis addieren sich die Induktionsspannungen der Flächen also nicht, sondern sie kompensieren sich gegenseitig.

4.7   Erdschleifen

Wenn man einen Sensor mit einer Sensorelektronik oder einem Oszilloskop verbindet, dann liegt es nahe, ein Koaxialkabel zu verwenden, bei dem der Mantel geerdet ist. Es ergibt sich eine Anordnung wie in Bild 4.48:

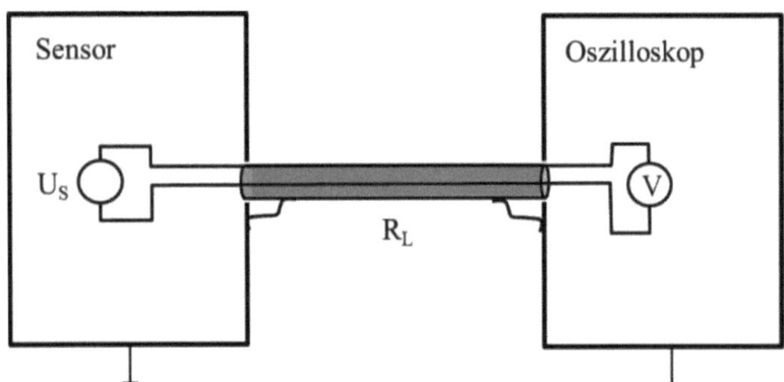

Bild 4.48: Geerdetes Koaxialkabel

Wenn wir einschalten, dann sehen wir auf dem Oszilloskop einen starken Netzbrumm. Warum?

Antwort: 

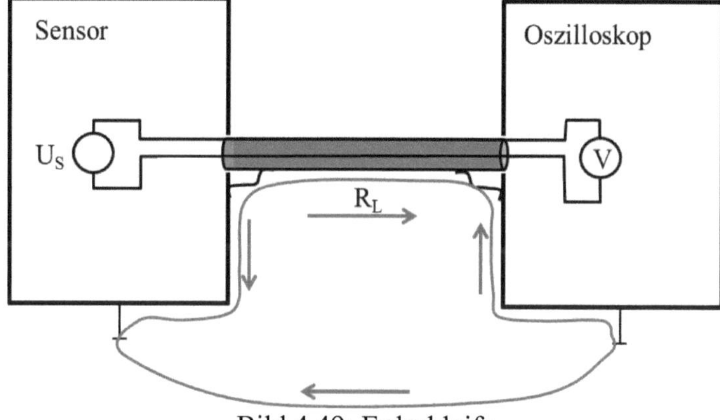

Bild 4.49: Erdschleife

Durch die Erdung des Koaxialkabels auf beiden Seiten und die beiden Geräteerdungen entsteht eine geschlossene Leiterschleife, die Erdschleife[15]. Der Leitungswiderstand des Kabels R_L ist Teil dieser Schleife. Es können zwei Probleme auftreten:

1. Das Potential der beiden Geräteerdungen ist nicht genau gleich. Das kann z.B. passieren, wenn durch die Masse ein Strom abfließt. Die Potentialdifferenz liegt mit U_S in Serie und wird als Sensorsignal interpretiert.

2. Es gibt ein magnetisches Störfeld und in der Leiterschleife wird eine Spannung induziert. Da die Fläche einige Quadratmeter groß sein kann wird die Spannung groß.

Was kann man dagegen tun? Die Erdschleife muss aufgebrochen werden. Man kann den Mantel des Koaxialkabels auf einer Seite von der Gerätemasse trennen. Das hilft gegen Netzbrumm, aber schafft Probleme im HF-Bereich, da nun das Kabel als Antenne wirkt und die HF-Spannung nicht beidseitig zur Erde abgeleitet wird. Also möchte man für NF trennen, für HF verbinden. Das geschieht in Bild 4.50 mit einem Kondensator.

---

[15] S. Kloth, H.-M. Dudenhausen: Elektromagnetische Verträglichkeit. Expert Verlag (1995)

?

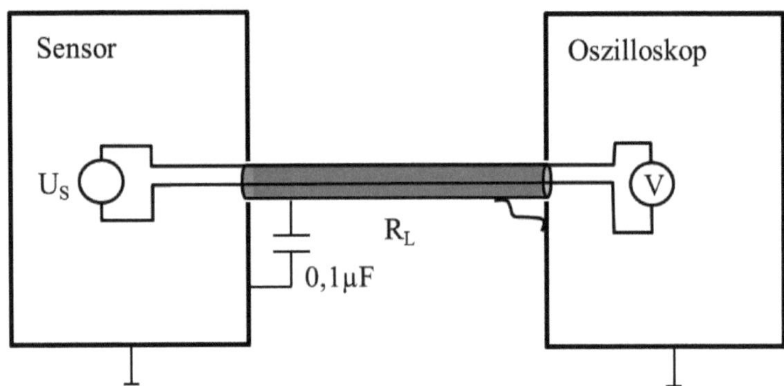

Bild 4.50: Erdung über Kapazität

Eine weitere Möglichkeit ist die komplette Trennung von Signal und Erdung durch ein Triaxialkabel (Bild 4.51).

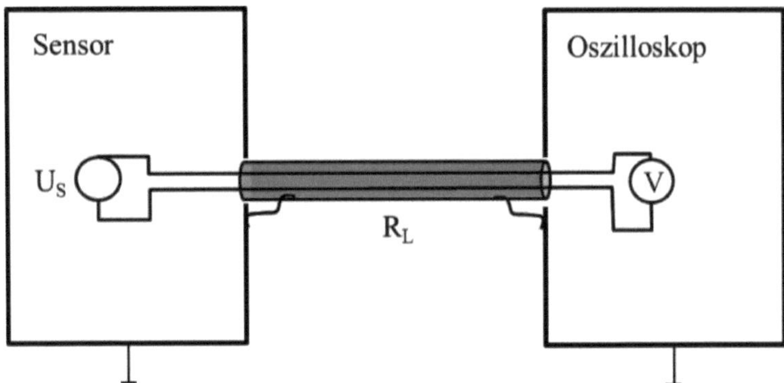

Bild 4.51: Triaxialkabel

4.8 Ein Sensor für Schimmelpilze

Bild 4.42 zeigt einen Sensor zur Messung von Schimmelpilzbefall. Auf einem Substrat sind zwei Elektroden integriert und mit einer Isolation abgedeckt. Darüber befindet sich ein Gel. Wenn in dem Gel Schimmel wächst, dann ändert sich der pH-Wert und damit die Leitfähigkeit. Dies wird durch dielektrische Spektroskopie gemessen. Das erste Bild zeigt den Aufbau. Das zweite Bild zeigt die dielektrischen Spektren, wenn man 72 Stunden lang Schimmel wachsen lässt. (Beispiel und Bild von P. Papireddy Vinayaka [16])

Erklären Sie die Spektren und entwerfen Sie ein Ersatzschaltbild.

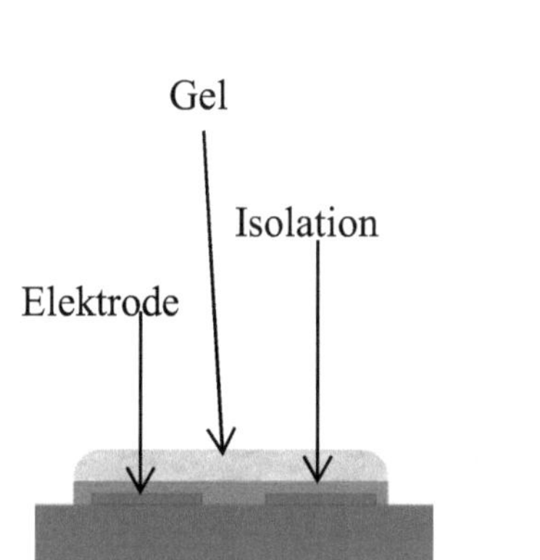

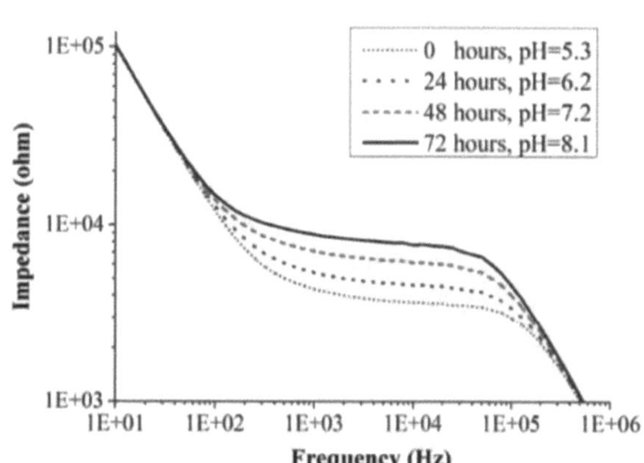

Bild 4.52: Sensor für Schimmelpilze, Querschnitt

Bild 4.53: Dielektrische Spektren

[16] Papireddy Vinayaka, P.; van den Driesche, S.; Blank, R.; Tahir, M. W.; Lang, W.; Vellekoop, M. J. An Impedance-Based Mold Sensor with on-Chip Optical Reference. Sensors 2016 16, (10), pp 1603, 2016 DOI 10.3390/s16101603.

? **Antwort**

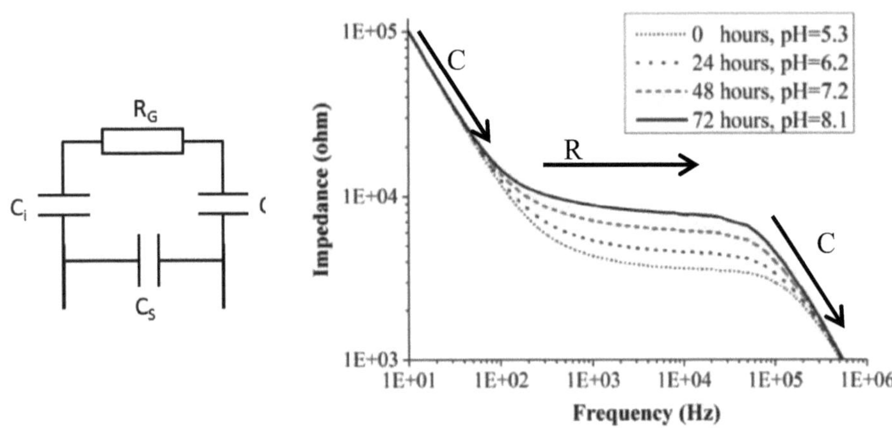

Bild 4.54:　　　　　Bild 4.55: Interpretation der Spektren
Ersatzschaltbild

Das Ersatzschaltbild zeigt den Widerstand R_G des Gels, den wir messen wollen. Er ist mit den Elektroden über die beiden Kapazitäten C_i gekoppelt, die durch die Isolierung und die dielektrische Doppelschicht im Gel entstehen. Weiterhin gibt es noch eine kleinere parasitäre Kapazität über das Substrat C_S.

Bei niederen Frequenzen dominieren die Koppelkapazitäten C_i.
Bei hohen Frequenzen fließt der Strom über die parasitäre Kapazität des Substrats C_S ab. Dazwischen gibt es einen Bereich, in dem der Gelwiderstand dominiert.
Messen kann ich den Effekt nur im mittleren Frequenzbereich. Unter 100 Hz ist die Kopplung über C_i zu schlecht um den Widerstand zu messen. Über 10.000 Hz wird der Sensor durch die parasitäre Kapazität kurzgeschlossen.

Beachten Sie:
Wenn die Kapazität dominiert, fällt die Kurve ab ($Z \approx 1/f$).
Wenn der Widerstand dominiert, ist sie waagrecht (Z unabhängig von f).

4.9 Füllstandsmessung

Ich will die Befüllung eines Tanks messen. Was schlagen Sie vor?

Antwort

Es gibt sehr viele Verfahren zu Füllstandsmessung. Das technisch wichtigste ist die kapazitive Messung. Nehmen wir zunächst an, die Flüssigkeit ist nichtleitend, wie z.B. Benzin. Man bringt im Tank einen offenen Kondensator an. Meist nimmt man einen Zylinderkondensator, da es dann wenig Probleme mit Streufeldern gibt.

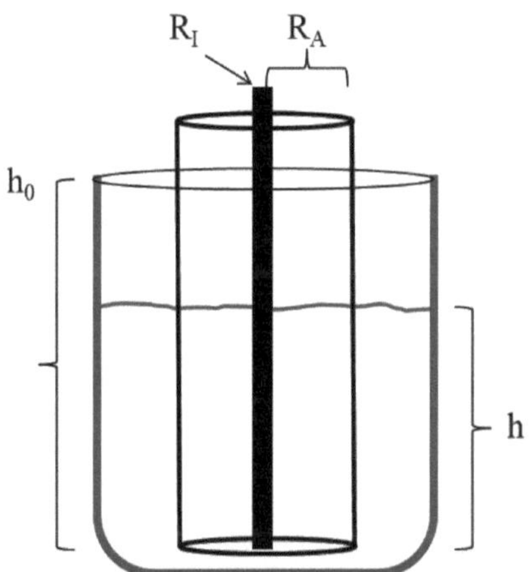

Bild 4.56: Der kapazitive Füllstandssensor

Der Zylinderkondensator hat die Kapazität

$$C = \frac{2\pi\varepsilon_0\varepsilon h}{\ln\dfrac{R_A}{R_I}}$$

Im Füllstandsensor setzt er sich aus zwei Kondensatoren zusammen, der untere mit dem Medium mit der Dielektrizitätskonstante ε_1, der obere mit Luft.

$$C = \frac{2\pi\varepsilon_0}{\ln \dfrac{R_A}{R_I}} (\varepsilon_1 h + (h_0 - h)) = \frac{2\pi\varepsilon_0}{\ln \dfrac{R_A}{R_I}} (h(\varepsilon_1 - 1) + h_0)$$

An Bild 4.56 erkennt man auch das Problem dieser Messtechnik: unten muss zwangsläufig ein Spalt sein, außerdem sind Tanks unten nicht ganz flach. Deswegen ist die Messung immer etwas nichtlinear, besonders bei den letzten Litern, bei denen es drauf ankommt.

Wie kann man Wasser messen? Wasser leitet und schließt den Kondensator kurz. Trotzdem funktioniert der Sensor, wenn die innere Elektrode isoliert ist. Die Isolation hat die Dicke D und die Dielektrizitätskonstante ε_2. Die äußere Elektrode ist dann das leitfähige Wasser mit dem Radius R_I+D und wir erhalten

$$C = \frac{2\pi\varepsilon_0}{\ln \dfrac{R_A}{R_I}} (h_0 - h) + \frac{2\pi\varepsilon_0\varepsilon_2}{\ln \dfrac{R_I + D}{R_I}} h \approx \frac{2\pi\varepsilon_0\varepsilon_2}{\ln \dfrac{R_I + D}{R_I}} h$$

Bei Wasser ($\varepsilon = 81$) und Luft ($\varepsilon = 1$) kann man den ersten Term vernachlässigen.

4.10 Von Mikroohm …

Ich möchte den Widerstand eines Anschlusses an eine Stromschiene messen. Der erwartete Wert liegt bei 500 μΩ.

Wie kann ich das messen? Welche systematischen Fehler sind bei der Messung eines sehr kleinen Widerstands zu erwarten und was kann man gegen diese tun?

Antwort

Probleme bei der Messung sehr kleiner Widerstände und Maßnahmen dagegen:

- Der Zuleitungswiderstand ist größer als der gemessene Widerstand
  → Vierleitertechnik verwenden; Messstrom und gemessenen Spannungsabfall möglichst nah am Messobjekt trennen.

- Thermospannungen. Der gemessene Spannungsabfall ist sehr klein. Bei 1 A Messstrom fallen nur 500 μV Spannung ab. Es wird sicher Temperaturunterschiede geben, also auch Thermospannungen im μV-Bereich.
  → Erst bei abgeschaltetem Messstrom eine Nullmessung machen. Zeigen sich Thermospannungen?
  → Messstrom umpolen und Differenz der Messwerte bilden. Der Spannungsabfall wechselt das Vorzeichen, die Thermospannung nicht.

- Rauschen.
  → Lange integrieren. Bei dieser Messung ist Messzeit und damit Bandbreite unkritisch

Ein weiterer kritischer Punkt ist die Frage, ob man zu großen Strömen linear extrapolieren kann. Wenn ich bei 1 A messe, was bedeutet das, wenn im Betrieb 1000 A fließen werden?

?   4.11   …zu Teraohm

Nun möchte ich den Isolationswiderstand einer PTFE-Folie testen. Die Folie ist 10 µm dick. Der erwartete Wert für den spezifischen Widerstand liegt bei $\rho=10^{16}\,\Omega m$. Welche systematischen Probleme treten bei der Messung sehr großer Widerstände auf? Wie kann ich vorgehen?

Antwort

Ich kann auf die die beiden Seiten der Folie jeweils eine Elektrode mit einer Fläche von A=10 cm² anbringen. Dann erwarte ich den Widerstand von ca. 10 TΩ (Teraohm).

$$R = \rho\,\frac{D}{A} = 10^{13}\,\Omega = 10\ T\Omega$$

Die Durchschlagfestigkeit von PTFE liegt bei 18 kV/mm - 105 kV/mm.[17] Ich wähle 10 kV/mm und prüfe also bei 100 V.
Dann erwarte ich einen Strom von 10^{-11} A = 10 pA.

Probleme bei der Messung sehr großer Widerstände bzw. sehr kleiner Ströme:

- Die Kriechströme sind eventuell größer als der Messstrom. Vermutlich sind die Kriechströme abhängig von der Luftfeuchtigkeit, der Oberflächenbeschaffenheit und der Oberflächenfeuchtigkeit der Folie. Sie sind also nicht vorhersehbar und nicht reproduzierbar.
  → Eine aktive Schutzelektrode (Guardelektrode) verwenden,
    siehe Bild 4.57

- Als Messschaltung für den Nano- und Picoamperebereich kann man einen Inverter verwenden, die sogenannte „Saugschaltung" zur Strommessung. Den Gegenkopplungswiderstand wählt man sehr groß, um eine große Verstärkung zu erreichen. Muss man den Eingangsstrom I_B in den Operationsverstärker berücksichtigen?

---

[17] https://www.bearingworks.com/uploaded-assets/pdfs/retainers/ptfe-datasheet.pdf

$\rightarrow$ Man muss den OpAmp entsprechend auswählen. Bei Standartbauteilen ist der Bias Current I_B zu groß (z.B. LM358D: I_B = 150 nA oder LF353P: I_B = 200 pA). Wenn man nach Low Bias Current sucht, dann findet man z.B. AD8665 mit I_B = 1 pA. Mit diesem OpAmp ist die Messung möglich.

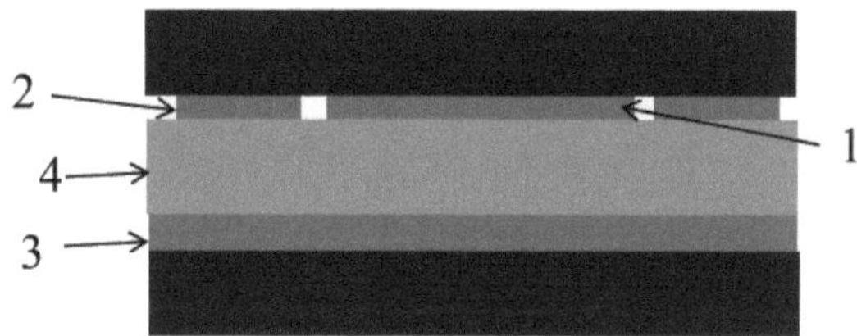

Bild 4.57: Schutzringmesszelle mit Guard-Schaltung[18]

Zur Messung des Volumenwiderstands
1 Messelektrode
2 Aktive Schutzelektrode
3 Gegenelektrode
4 Probe

Zur Messung des Oberflächenwiderstands
1 Messelektrode
2 Gegenelektrode
3 Aktive Schutzelektrode
4 Probe

- Rauschen
  $\rightarrow$ Lange Integrieren. Bei sehr niedrigem Strom ist es vorteilhaft, nicht den einfachen Inverter zu verwenden, sondern einen Integrator. Man misst dann das Ansteigen der Spannung mit der Zeit. Dadurch ist die Funktion der Glättung des Rauschens gleich integriert.

Mit der aktiven Schutzelektrode schließt man Oberflächenstrom aus. Manchmal ist es interessant, genau diesen Oberflächenstrom zu messen. Dies kann man mit dem gleichen Messaufbau machen, wenn man die Elektroden anders anschließt, wie in Bild 4.57 gezeigt.

---

[18] https://www.burster.de/de/mess-pruefgeraete/megohmmeter

5. Digitale Messtechnik

5.1. Abtasttheorem, Quantisierungsrauschen

Bei der Analog-Digitalwandlung treten immer Abweichungen auf, da das analoge Signal kontinuierlich und damit prinzipiell beliebig genau ist, während das digitale Signal diskret ist und daher nie genauer sein kann als die Hälfte der Spanne des letzten Bit. Der Vorgang des Digitalisierens ist zweistufig. Zunächst erfolgt eine Diskretisierung in der Zeit, wie Bild 5.1 zeigt. Die Spannung U ist gegen die Zeit aufgetragen, die senkrechten und waagrechten Linien entsprechen den Diskretisierungsschritten. Wir sehen das kontinuierliche Analogsignal und die zeitlich diskretisierte Form als Treppenkurve, die in jedem Messpunkt mit dem Analogsignal übereinstimmt. Die Spannungsachse ist noch kontinuierlich.

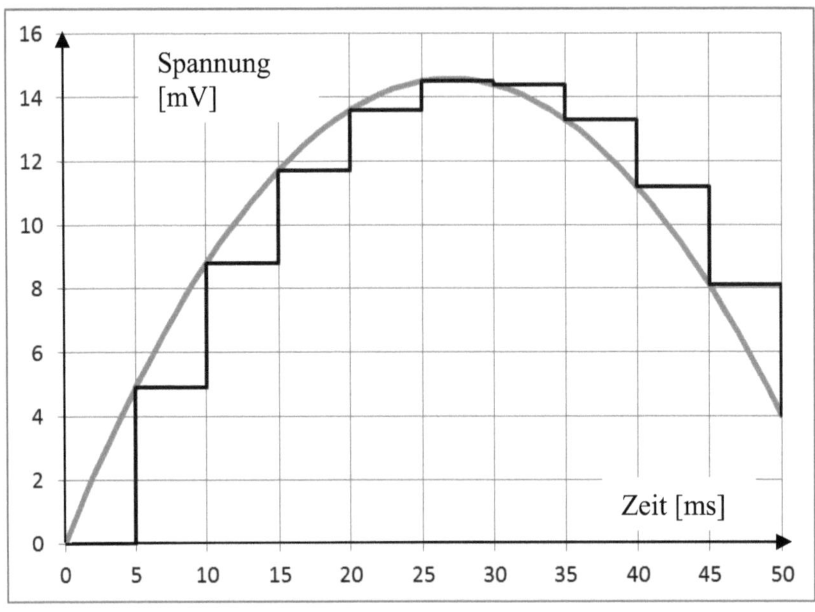

Bild 5.1: Zeitliche Diskretisierung. Alle 5ms erfolgt eine Messung

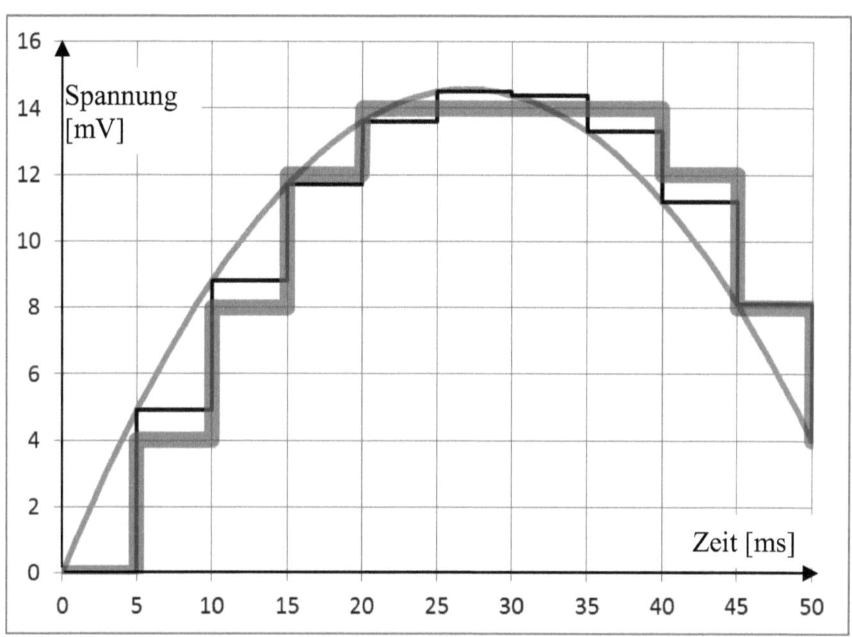

Bild 5.2: Quantisierung der Spannung in Schritten zu 2 mV.

In Bild 5.2 wird im zweiten Schritt die Spannung quantisiert. Dadurch verändert sich die Rechteckfunktion noch einmal. Die Differenz von Digital- und Analogsignal bezeichnen wir als Quantisierungsfehler[19]. Man kann sie auch als Rauschen verstehen, das sich dem Analogsignal überlagert und spricht dann von Quantisierungsrauschen. Man liest oft, der Quantisierungsfehler betrage maximal die Hälfte der Spannungsauflösung, in unserem Beispiel wäre das 1 mV. Das stimmt jedoch nur, wenn die Diskretisierung in der Zeit schnell genug ist. In Bild 2 wäre das der Fall, wenn wir alle 1ms messen würden. Da wir nur alle 5 ms messen, wird der Abstand durchaus größer als 1 mV.

---

[19] Die Terminologie wird nicht ganz einheitlich verwendet. Manche Autoren verstehen unter dem Quantisierungsfehler nur die Differenz aus Schritt 2, der Quantisierung der Spannung.

5.2. Aliasing und die Digitalisierungskette

In Bild 5.3 zeige ich Ihnen Punkte im Zeitverlauf, die ich durch Diskretisierung einer Sinuskurve gewonnen habe. Ich bitte Sie, die Analogfunktion zu rekonstruieren.

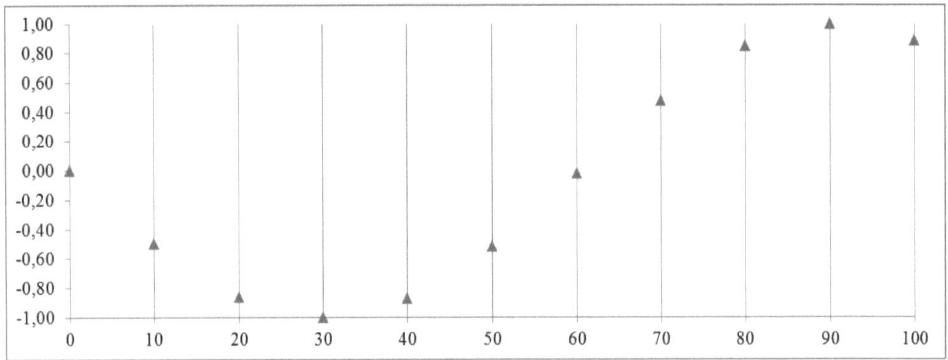

Bild 5.3: Punkte, die aus der Diskretisierung eine Sinusfunktion gewonnen wurden. Ich bitte Sie, die Analogfunktion zu rekonstruieren. Spannung [V] aufgetragen gegen Zeit [ms]

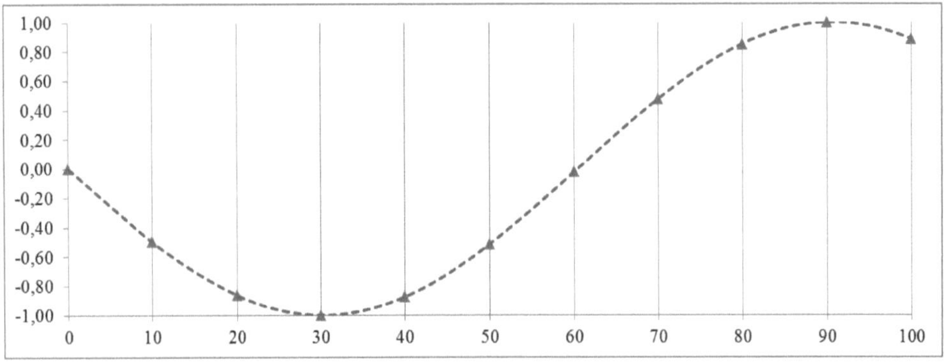

Bild 5.4: Vermutlich werden Sie als Rekonstruktion eine Sinuskurve bei 8,3 Hz vorschlagen. Das erscheint alternativlos.

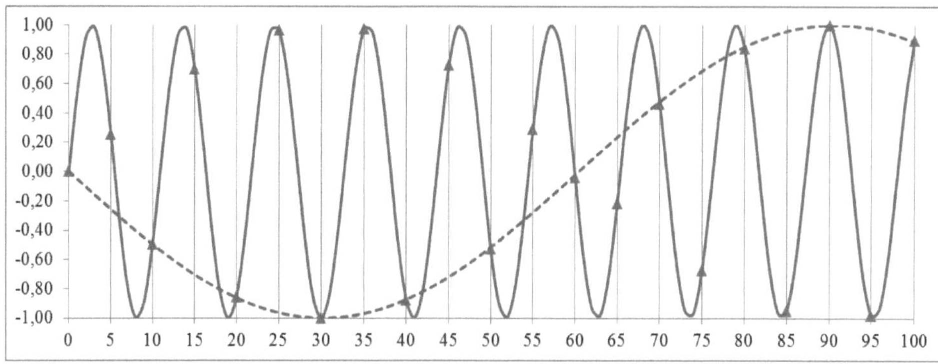

Bild 5.5: Weit gefehlt! Die ursprüngliche Analogfunktion war ein Sinus bei 91 Hz (durchgezogene Kurve). Wenn ich die Anzahl der Messpunkte verdopple, dann wird sofort klar, dass die gestrichelte Linie nicht stimmen kann.

Sie werden wohl einen Sinus bei 8 Hz zeichnen. Es war aber ein Sinus mit einer Frequenz von 91 Hz. Es sind also zwei Rekonstruktionen möglich, die beide korrekt sind, da beide an den Messpunkten mit der Funktion übereinstimmen, im Beispiel also alle 10 ms. Betrachten wir Bild 5.5 und überlegen, wie wir diese Doppeldeutigkeit verhindern könnten. Offenbar tritt der Fehler auf, weil die durch die Abtastung jeweils eine Halbwelle gar nicht erfasst wird. Bei 10 ms Messintervall wird bis 60 ms die obere Halbwelle gar nicht gesehen, ab 60 ms wird die untere nicht gesehen.

Ich füge nun zwischen je zwei Messpunkte einen weiteren Messpunkt ein. Ich messe jetzt also alle 5 ms. Nun sehe ich alle Halbwellen und erkenne sofort, dass die 8,3 Hz Schwingung nicht stimmt. Wir brauchen also so viele Messpunkte, dass keine Halbwelle ungesehen bleibt. Solche „Geisterschwingungen", wie die gestrichelte Kurve in der Rekonstruktion nennt man Aliasing-Schwingungen. Man verhindert sie, indem man mit einer Frequenz f_A abtastet, die mindestens das Doppelte der Signalfrequenz ist. Natürlich sind die Signale meist nicht sinusförmig. Dann betrachte ich die Fourierreihe und fordere, dass die Abtastfrequenz doppelt so groß sein muss wie die höchste im Signal auftretende Frequenzkomponente f_{max}. Diese Aussage nennt man das Abtasttheorem:

Aliasingsignale treten nicht auf, wenn **$f_A > 2f_{max}$.**

Dabei ist f_A die Abtastfrequenz und
f_{max} die höchste im Signal vorkommende Frequenz.

Wie will ich das bei unbekannten Funktionen sicherstellen? Ich muss die hohen
Frequenzen vor der AD Wandlung durch ein Tiefpassfilter aus dem Analogsignal
entfernen. Dazu verwendet man meist ein Tiefpassfilter zweiter Ordnung, wie in Bild
5.6 gezeigt.

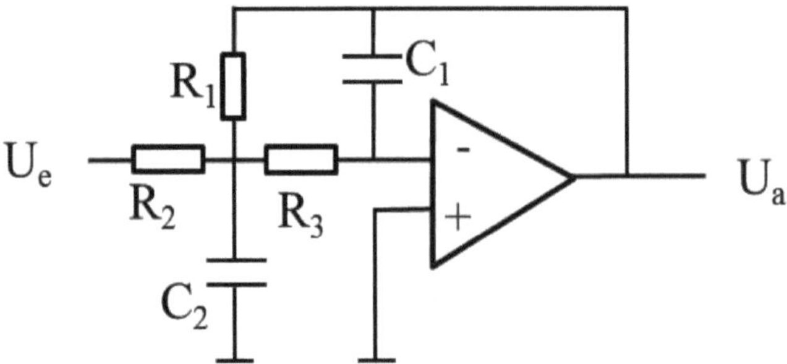

Bild 5.6: Ein aktiver Tiefpass zweiter Ordnung[20].

R_2 und C_2 bilden einen Tiefpass im Eingang. Ein Hochpass (R_1, C_1) in der Gegenkopplung unterdrückt hohe Frequenzen zusätzlich. Dadurch erfolgt das Abschneiden
hoher Frequenzen schneller als bei einem einfachen RC Tiefpass. Um Verluste auszu-
gleichen, wird ein Verstärker eingebaut. Deswegen nennt man diese Schaltung ein
aktives Filter.

Zwischen zwei Messpunkten auf der Zeitachse wird sich das Analogsignal natürlich
ändern. Viele AD-Wandler können aber nur korrekt arbeiten, wenn sie während einer
Messung eine konstante Eingangsspannung bekommen. Das erreichen wir durch eine
geschaltete Kapazität. Dieses Element kennen wir aus der Kapazitätsmessung als
„Switched Capacity". Hier nennt man es „Sample&Hold", da es Spannung aufnimmt
und konstant hält, bis das nächste Triggersignal kommt (Bild 5.7). Die Schaltung

---

[20] U. Titze, C. Schenk: Halbleiterschaltungstechnik, Springer Verlag

erfolgt auf beiden Leitungen. Auf diese Weise ist der AD-Wandler zu jedem Zeitpunkt galvanisch vom Eingang getrennt. Dies verhindert, dass elektromagnetische Störpulse in den empfindlichen AD-Wandler gelangen. Um die Entladung der Kapazität während eines Wandlungsschritts zu verhindern, ergänzen wir einen Spannungsfolger.

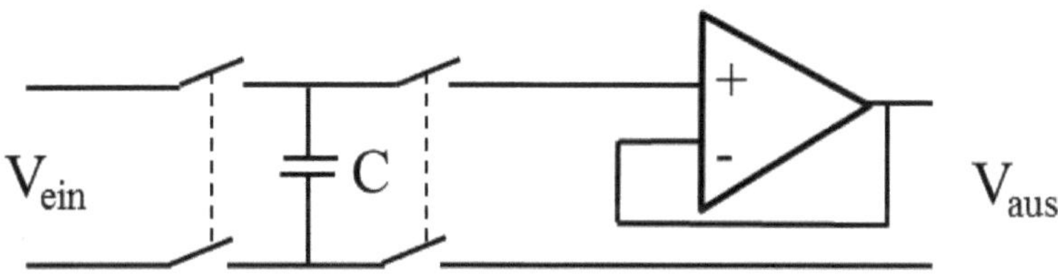

Bild 5.7: Die Sample&Hold Schaltung

Nun kennen wir die komplette Digitalisierungskette:

- Tiefpass (Aliasing-Filter)
- Sample&Hold
- Analog Digital Wandler

Das Sample&Hold macht die Diskretisierung auf der Zeitachse, der AD-Wandler quantisiert die Spannungsachse.

5.3. Spannungsreferenzen

Für AD- und für DA-Umsetzung benötigt man eine Spannungsreferenz. Dies kann eine Zenerdiode sein. Allerdings sind Zenerdioden in CMOS nicht verfügbar. Dort verwendet man <u>Bandgap Referenzen</u>, die auf der Kennlinie von Transistoren beruhen.

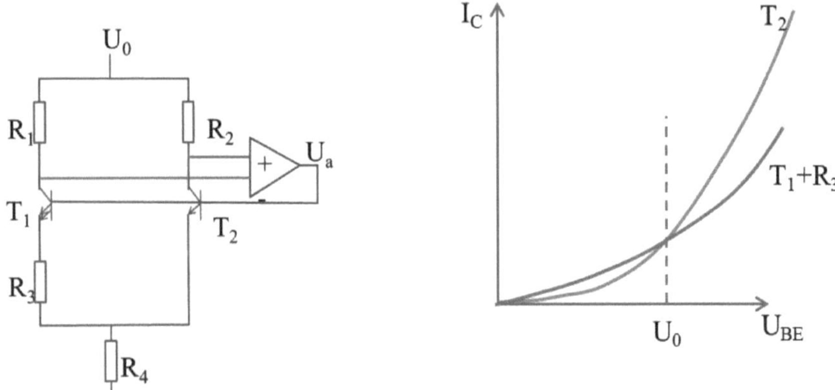

Bild 5.8: Bandgap Referenz, Schaltung   Bild 5.9: Bandgap Referenz, Kennlinie und Arbeitspunkt

Die Bandgap Referenz hat zwei Transistoren. Das Bild 5.9 zeigt die Kennlinie Kollektorstrom gegen Basis-Emitter-Spannung. Transistor T_2 zeigt eine normale Transistorkennlinie. Für T_1 nimmt man einen Transistor mit größerer Grundfläche oder man schaltet mehrere Transistoren parallel. Dadurch wird der Strom bei gleicher Spannung größer, d.h. die Kurve wird in Bild 5.9 nach oben gedehnt. Nun schaltet man einen Widerstand R_3 in Serie zu T_1. Jetzt fällt ein Teil der Spannung am Widerstand ab, und die Kurve wird im Bild nach rechts gedehnt. Da die Kurve nichtlinear ist, fällt die zweimal gedehnte Kurve nicht mit der ursprünglichen Kurve zusammen. Die beiden Kurven haben jetzt eine unterschiedliche Krümmung es gibt einen Schnittpunkt bei U_0. Der Operationsverstärker regelt so, dass die Spannungsabfälle und damit die Ströme an R_1 und R_2 gleich sind. Damit regelt er auf gleiche Spannung und gleichen Strom, also auf den Schnittpunkt der Kennlinien. Allerdings wird es einen Temperaturgang der Kennlinien geben. Dies gleicht man durch den Temperaturgang von R_4 aus, der den Arbeitspunkt in Abhängigkeit von der Temperatur verschiebt.

5.4. Analog-Digital-Wandler (AD-Wandler)

<u>Parallele Komparatoren</u>: Ein Komparator ist ein 1-Bit AD-Wandler. Ein 6-Bit-AD Wandler kann $2^6 = 64$ Stufen der Spannung unterscheiden. Wir können einen 6-Bit-AD-Wandler bauen, indem wir durch einen Spannungsteiler mit Widerständen 64 Referenzpotentiale definieren, und die Analogspannung mit 63 Komparatoren mit jedem der Referenzpotentiale vergleichen. Dieses Verfahren nennt man parallele Komparatoren. Es ist sehr aufwändig wegen der vielen Komparatoren, aber dafür extrem schnell. Das Verfahren der parallelen Komparatoren wird deswegen bei hohen Frequenzen (>1MHz) eingesetzt.

<u>Sukzessive Approximation</u>
Natürlich will man die vielen Komparatoren vermeiden. Deswegen arbeiten die meisten AD-Wandler mit einem Komparator und einer veränderlichen Vergleichsspannung.

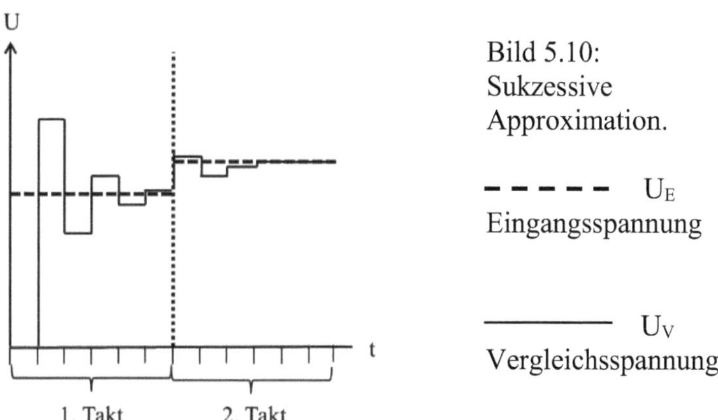

Bild 5.10: Sukzessive Approximation.

$- - - - -$ U_E Eingangsspannung

$————$ U_V Vergleichsspannung

Bei der sukzessiven Approximation wird die Vergleichsspannung U_V durch einen AD-Wandler erzeugt. Sie wird mit der Eingangsspannung U_E verglichen und dann nach oben oder unten korrigiert, wie es Bild 5.10 zeigt. Nach jeder Korrektur ist die Spannungsdifferenz geringer, bis sie kleiner wird als die gewünschte Auflösung.

Das setzt aber voraus, dass die Eingangsspannung nicht davonläuft, daher die Notwendigkeit eines Sample&Hold Gliedes. Der Endwert wird als Startwert in den nächsten Takt übertragen.

Sukzessive Approximation ist sehr genau, bei großer Auflösung aber nicht sehr schnell.

Rampen-Wandler
Hier ist die Vergleichsspannung U_V eine Rampenfunktion, die durch das Integrieren einer Referenzspannung erzeugt wird. Ein Taktsignal wird gezählt, bis bei $U_V = U_E$ der Komparator das Vorzeichen wechselt. Aus der Anzahl der Zeitschritte wird die Eingangsspannung U_E berechnet. Am Ende des Messzyklus bei t_{max} bzw. N_{max} wird der Integrator auf null zurückgesetzt. Da N ganzzahlig ist, wird die Auflösung durch N_{max} begrenzt. Wenn ich 1000 Schritte zähle, dann kann ich die Spannung nicht genauer als 1/1000 auflösen, also ist die Auflösung auf 10 Bit begrenzt.

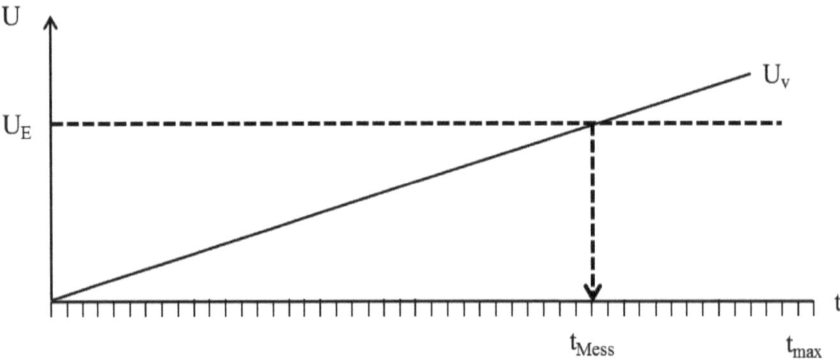

Bild 5.11: Der Rampenwandler

Dual Slope Wandler
Für den Rampenwandler müssen wir eine Referenzspannung bereitstellen, sowie ein Zeitnormal. Das erscheint unelegant: warum brauchen wir zwei Referenzen, um eine Größe zu messen? Diesen Nachteil umgeht die Weiterentwicklung zum Dual Slope Wandler. Hier wird zunächst die Eingansspannung über eine feste Zeit t_{Ein} aufintegriert, wie Bild 5.12 zeigt. Dann schaltet der Eingang des Integrators um, auf

die negative Referenzspannung. Die Spannung nach dem Integrator fällt nun mit konstanter Steigung. Gezählt werden die Impulse bis die Spannung wieder bei null ist. Beim Aufintegrieren ist die Steigung abhängig von der Eingangsspannung U_E. Größere Eingangsspannung führt zu größerer Steigung, wie Bild 5.12 zeigt. Beim Abintegrieren liegt immer die Referenz an, also ist die Steigung immer gleich. Aus dem Vergleich der Zeiten t_{Ein} und t_{Mess} lässt sich die Eingangsspannung U_E berechnen. Wir benötigen keine genaue Messung der Zeit, da zwei Zeitintervalle verglichen werden.

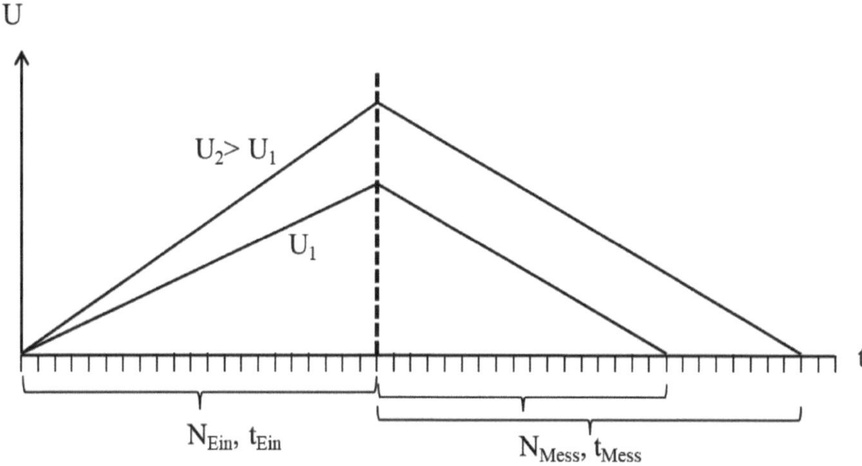

Bild 5.12: Dual Slope Wandler

Dual Slope Wandler zeigen gute Auflösung, sind aber nicht sehr schnell. Wie beim Rampenwandler ist N auch hier ganzzahlig. Um 14 Bit aufzulösen, müssen wir mindestens $2^{14} = 16384$ Zeitschritte abwarten. Wenn das Abintegrieren genaugenommen 3016,3 Zeitschritte benötigt, dann verwenden wir die Information „3016 Zeitschritte", die Information über die Nachkommastelle „Rest = 0,3 Zeitschritte" wird vernichtet, wenn wir den Integrator am Ende eines Messtakts zurücksetzen. Können wir diese Information sinnvoll nutzen, indem wir die Nachkommastelle in den nächsten Takt übertragen bzw. indem wir den Integrator nicht löschen? Diese Überlegung führt uns zum Delta-Sigma Wandler.

<u>Delta-Sigma Wandler</u>

Ein schönes Beispiel für die AD-Wandlung gibt R. J. Baker[21]: Wir wollen die Menge Wasser messen, die aus einem Schlauch in einen Bottich fließt. Wir haben eine Uhr und einen 1-Liter Messbecher.

- Wir können am Bottich einen Eichstrich machen und messen, wie lange es dauert, bis das Wasser den Eichstrich erreicht: Rampenwandler.

- Wir lassen den Bottich für eine Minute einlaufen. Dann lenken wir den Schlauch um und schöpfen den Bottich leer, indem wir pro Sekunde einen Messbecher entnehmen. Dauert das z.B. 42 Sekunden, dann wissen wir, dass 42 Liter in einer Minute eingelaufen sind: Dual Slope Wandler.

- Die dritte Möglichkeit: Wir bringen wieder einen Eichstrich an. Jede Sekunde schauen wir, ob das Wasser über dem Eichstrich ist. Falls ja, dann entnehmen wir einen Liter Wasser. Das Niveau des Wassers bleibt also immer ungefähr am Eichstrich. Dieses Verfahren nennt man **Delta-Sigma Wandler**, weil man in jedem Schritt einen Unterschied anschaut (Δ: ist das Wasser über dem Eichstrich?) und weil man ständig aufsummiert (Σ: das Wasser läuft ständig ein). Wenn wir in 6 Sekunden 3-mal schöpfen mussten, dann wissen wir: es sind ca. 30 Liter pro Minute. Wenn wir in 60 Sekunden 32-mal geschöpft haben, dann wissen wir: es sind 32 Liter pro Minute. Wenn wir nach 600 Sekunden 327-mal geschöpft haben, dann berechnen wir 32,7 Liter pro Minute. Der Vorteil ist also: Man erhält schnell einen groben Wert, bei längerer Messung wird der Wert immer genauer.

Die Umsetzung erfolgt in folgenden Schritten:

- Δ: Ein Subtrahierer (Delta) berechnet die Differenz des Analogsignals zur Referenz.

- Σ: Ein Integrierer (Sigma) integriert die Differenz auf und verwandelt sie in eine Rampe.

- Ein Komparator schaltet, wenn die Rampe null erreicht.

- Ein Flipflop diskretisiert den Ausgang des Komparators in der Zeit und erzeugt so einen Bitstream.

- Der Bitstream bestimmt das Vorzeichen der Referenzspannung U_R. Wechselt also der Ausgang des Komparators das Vorzeichen, dann wird die Referenzspannung zwischen $+U_0$ und $-U_0$ umgepolt.

---

[21] R. Jacob Baker: CMOS. Wiley

- Digitale Nachbearbeitung: Zählen der Impulse und berechnen des digitalen Werts für die Eingangsspannung.

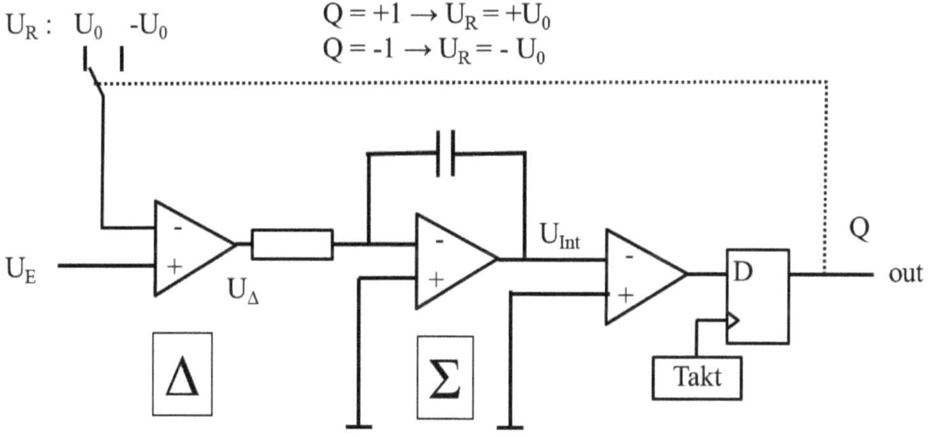

Bild 5.13: Der Delta-Sigma Wandler

Das Flipflop ist uns bisher noch nicht begegnet. Es ist ein digitales Sample&Hold Element. Das Flipflop nimmt ein Digitalsignal auf und behält es bei, bis das nächste Taktsignal kommt. Dann nimmt es das nächste Digitalsignal an. Da wir den digitalen Ausgang aus der Anzahl der positiven und der negativen Takte des Bitstreams Q berechnen, ist es wichtig, dass alle Takte gleich lang sind.

Schauen wir uns erst einen einzelnen Zeitschritt an. Wichtig ist: Im Aufwärtstakt und im Abwärtstakt werden Eingangs- und Referenzspannung berücksichtigt, wie es Bild 5.14 zeigt. Nehmen wir an, die Eingangsspannung ist positiv.

$Q = +1$, also $U_R = +U_0$:
Nach dem Subtrahierer finden wir eine kleine negative Spannung:
$U_\Delta = U_E - U_0$.
Diese führt zu einem kleinen Aufwärtsschritt nach dem Integrierer:
$\Delta U_+ = -(U_E - U_0) = U_0 - U_E$ (der Integrierer berechnet ja das negative Integral, weil er vom Inverter abgeleitet ist!).

$Q = -1$, also $U_R = -U_0$:
Nach dem Subtrahierer finden wir eine größere positive Spannung:
$U_\Delta = U_E - (-U_0) = U_E + U_0$.
Diese führt zu einem großen Abwärtsschritt nach dem Integrierer:
$\Delta U_- = -(U_E + U_0)$.

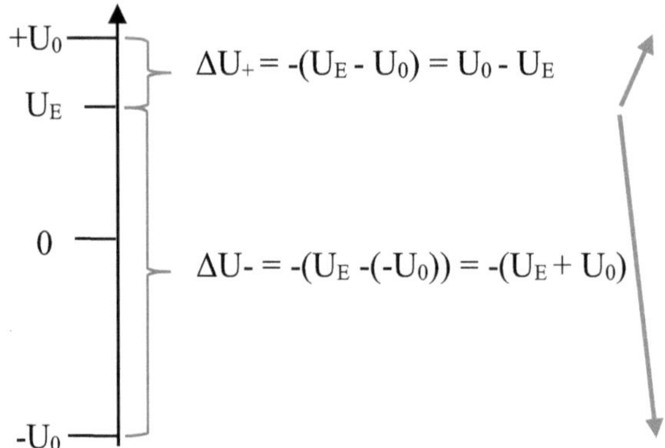

Bild 5.14: Die Zeitschritte im Delta-Sigma Wandler.
$\Delta U+$ und $\Delta U-$ sind die Schritte der Spannung U_{int} nach dem
Integrator.

Das Achterbahnfahren der Vorzeichen beim Delta-Sigma Wandler führt leicht zur
Verwirrung (zumindest bei mir). Es kommt daher, dass der Subtrahierer und der
Integrator als invertierende OpAmps ausgeführt sind und so jeweils das Vorzeichen
umkehren. Ich empfehle, dass Sie die Schaltung erst ohne die Vorzeichen
durchdenken und dann in einem zweiten Anlauf die Vorzeichen mitnehmen.

Jetzt können wir in Bild 5.15 eine Abfolge von Schritten anschauen. Im ersten Schritt
ist U_{int} negativ, nach dem Komparator also positiv und $Q = +1$. Es folgt ein kleiner
Aufwärtsschritt nach dem Integrator, aber die Spannung bleibt negativ. Dies
wiederholt sich noch dreimal, bis U_{int} positiv wird. Der Komaparator wechselt das
Vorzeichen zu negativ, und Q wird zu $Q = -1$. Nun wechselt U_R zu $U_R = -U_0$. Es folgt
eine größere positive Spannung U_Δ und ein großer Abwärtsschritt in U_{int}. Dieser
Abwärtsschritt kehrt die Verhältnisse wieder um zu $Q = +1$. Es folgen also wieder
kleine Aufwärtsschritte usw…

Was passiert, wenn sich die Spannung ändert? Angenommen, die Eingangsspannung wird größer. Dann ist sie näher an $+U_0$, die Aufwärtsschritte in ΔU_+ werden kleiner. Es braucht also einige Schritte mehr, bis der Umschlag stattfindet. Bei negativer Eingangsspannung kehrt sich alles um: viele kleine Schritte abwärts, dann wieder ein großer Schritt aufwärts. Man kann also die Eingangsspannung ausrechnen, indem man de Bitstream am Ausgang auswertet.

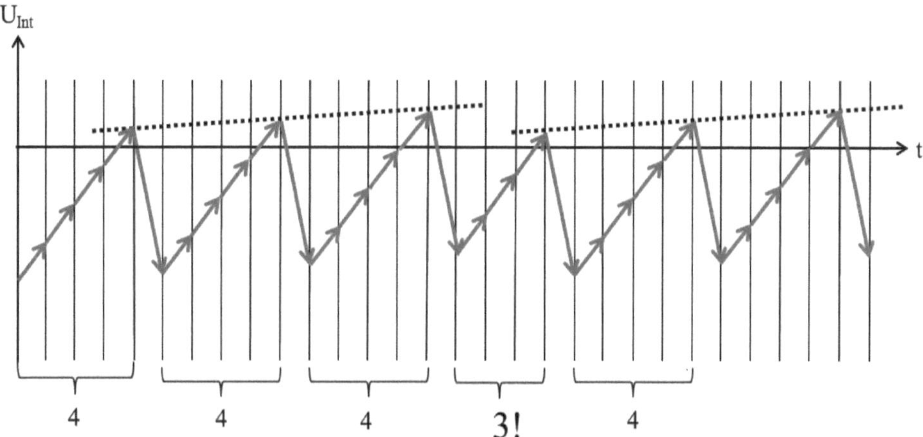

Bild 5.15: Eine Schrittfolge im Delta-Sigma Wandler

Bild 5.15 zeigt auch den Effekt des Gedächtnisses. Der kleine Rest nach dem ersten Zyklus ist nicht verloren. Er bleibt im Integrator erhalten, addiert sich auf, und erst im 4. Zyklus führt er dazu, dass ein Aufwärtsschritt weniger stattfindet: 3 anstatt 4. So genügt ein Zyklus, um eine grobe Information über die Eingangsspannung zu gewinnen, aber wenn wir 4 Zyklen abwarten, dann wird es genauer. Die gepunkteten Linien zeigen das langsame Anwachsen des akkumulierten Rests.

Wie wertet man den Bitstream aus? Wir zählen im Bitstream N_+ positive und N_- negative Signale. Die Spannung nach dem Integrator ergibt sich aus der Summe aller Teilschritte, also

$$U_{Int} = N_+ \Delta U_+ + N_- \Delta U_- = N_+(U_0 - U_E) - N_-(U_E + U_0) \qquad (5.1)$$

Diese Spannung kann nicht größer werden, als U_0 , denn sie wird ja immer wieder zur Nulllinie zurückgeholt, wie Bild 5.15 zeigt. Die Summe der Beträge der Spannungsbewegungen wächst dagegen linear mit der Zeit, wie man aus (5.1) erkennt. Das bedeutet, der verbleibende Rest U_{int} wird im Vergleich mit den beiden Summanden $N_+\Delta U_+$ und $N_-\Delta U_-$ sehr klein, so dass wir ihn vernachlässigen und schreiben können

$$N_+(U_0 - U_E) - N_-(U_E + U_0) = 0 \tag{5.2}$$

Wir sortieren die Terme um und lösen nach U_E auf.

$$N_+ U_0 - N_+ U_E - N_- U_E - N_- U_0 = 0$$

$$U_E (N_+ + N_-) = U_0 (N_+ - N_-)$$

$$U_E = U_0 \frac{N_+ - N_-}{N_+ + N_-} \tag{5.3}$$

Die Abtastung erfolgt mit 10 MHz, die Auswertung des Bitstreams mit ca. 10 kHz (je nach gewünschter Auflösung). Eine Auflösung von 16 Bit ist möglich. Die Auswertung des Bitstreams braucht leider eine gewisse Zeit. Das begrenzt die Bandbreite und führt zu einer Latenzzeit, d.h. einen geringen Zeitverzug zwischen analogem Eingangssignal und digitalem Output. Die eigentliche Abtastung erfolgt sehr schnell. Der Delta-Sigma Wandler kann also einer schnellen Änderung der Eingangsspannung folgen, so dass man oft auf ein Sample&Hold Glied verzichten kann.

5.5. Digital-Analog-Wandler (DA-Wandler)

Ein Digital-Analog-Wandler benötigt eine Spannungsreferenz, die z.B. durch eine Zenerdiode oder durch eine Bandgap Referenz realisiert wird.

Aus dieser Referenzspannung wird durch ein Netzwerk aus Widerständen oder Kapazitäten die gewünschte Teilspannung gewonnen. Dann folgt ein Spannungsfolger, um Rückwirkungen durch ausgangseitige Strombelastung auszuschließen.

Heute werden fast alle DA-Wandler monolithisch in CMOS-Technik integriert. In CMOS Designs vermeidet man Widerstände wegen des Platzbedarfs und der Jouleschen Wärme. Deswegen bevorzugt man kapazitive Spannungsteiler. Bei einem kapazitiven Spannungsteiler, wie in Bild 5.16, stellt sich am Mittenabgriff folgende Spannung ein (Siehe Gleichung 4.16):

$$U_{out} = U_0 \frac{C_1}{C_1 + C_2} \tag{5.4}$$

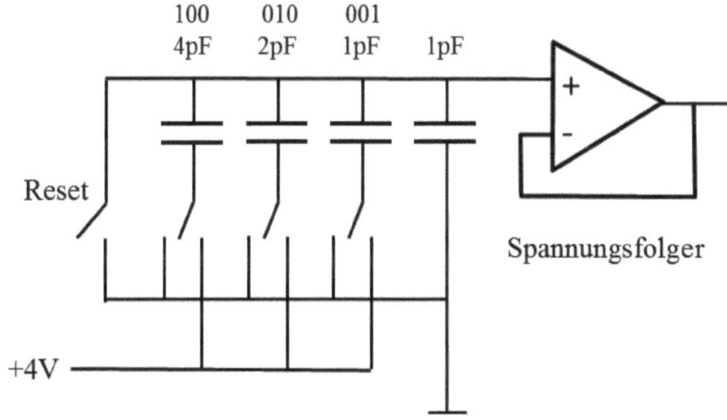

Bild 5.16: AD Wandler mit kapazitivem Spannungsteiler.[22]

---

[22] R. Jacob Baker: CMOS. Wiley

Dabei ist C_1 der obere Widerstand, anders als bei Widerstands-Spannungsteilern. Wichtig ist, dass keine Ladungen von einem Schritt auf den Folgenden verschleppt werden, deswegen der Resetschalter. Im Netzwerk kann man jeden Kondensator entweder nach oben zu C_1 (+4V) oder nach unten (Masse) zu C_2 schalten.

Bild 5.16 zeigt einen kapazitiven Spannungsteiler mit 3 Bit in einem DA-Wandler. Wie man die 3 Bit mit den 3 Schaltern einstellen kann, ergibt sich aus Bild 5.17.

Binärcode	C_1	C_2	U_{out}
000	0 pF	8 pF	0 V
001	1 pF	7 pF	0,5 V
010	2 pF	6 pF	1 V
011	3 pF	5 pF	1,5 V
100	4 pF	4 pF	2 V
101	5 pF	3 pF	2,5 V
110	6 pF	2 pF	3 V
111	7 pF	1 pF	3,5 V

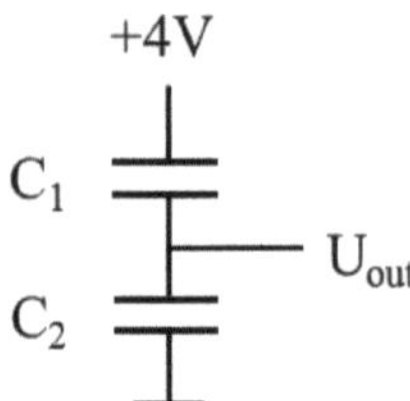

Bild 5.17: Der kapazitive Spannungsteiler

Damit sind wir am Ende des letzten Kapitels. Vielen Dank fürs Lesen. Wenn Sie mehr wissen wollen, z.B. wie man Sensoren herstellt, über Inertialsensoren oder Magnetfeldsensoren, dann empfehle ich mein Buch „Sensors and Measurement Systems".[23]

---

[23] Walter Lang: Sensors and Measurement Systems, River Publishers 2019, ISBN: 87-7022-028-X

Wissensfragen: 

- Was besagt das Abtasttheorem?
- Wie sieht eine Digitalisierungskette aus?
- Wie funktioniert ein Band-Gap Reference und was sind ihre Vorteile?
- Zeichnen sie einen aktiven Tiefpass.
- Was ist eine Alias-Schwingung?
- Welchen AD-Wandler nimmt man, wenn es extrem schnell gehen soll?
- Was ist sukzessive Approximation?
- Erkläre die Funktion eines Dual Slope Wandler
- Erkläre die Funktion eines Delta-Sigma Wandlers
- Wie funktioniert ein D/A-Wandler mit kapazitivem Netzwerk?

❓ Denkfragen

5.1   AD Wandlung

Sie digitalisieren mit einer Spannungsauflösung von 500 µV und einer Zeitauflösung von 100 µs.
Zeichnen Sie den Verlauf der digitalisierten Spannung ein.

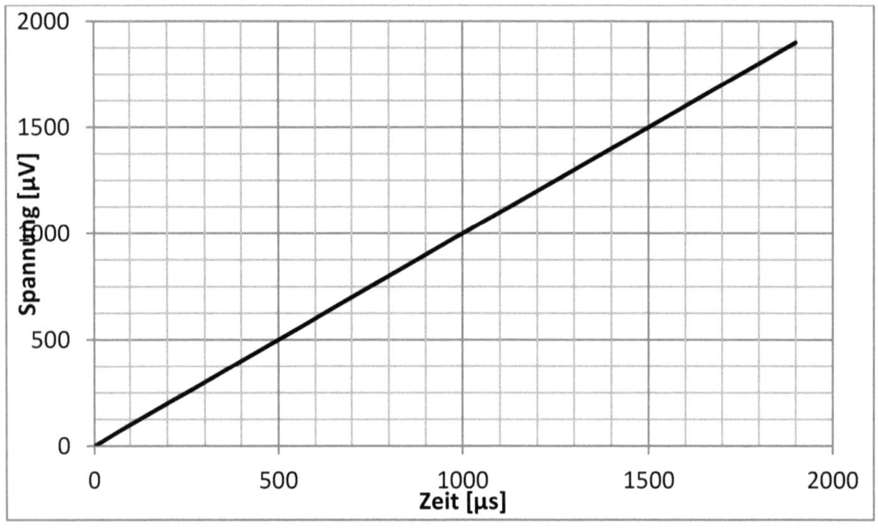

Bild 5.18: Spannungsverlauf, zeichnen Sie die digitalisierte Kurve ein

Antwort 

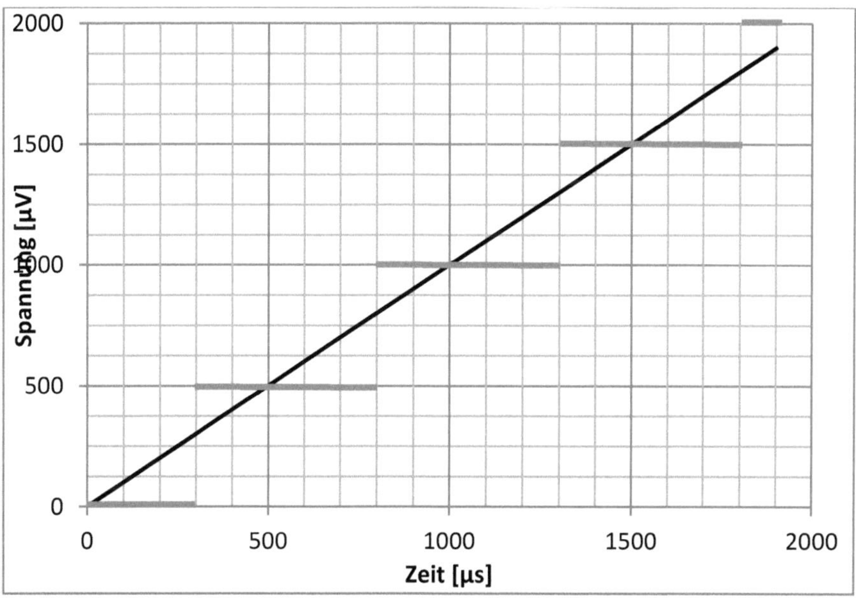

Bild 5.19: Spannungsverlauf, digitalisiert

Beim Einzeichnen sieht man, dass die Zeitauflösung „verschwendet" ist. Spannungsauflösung und Zeitauflösung müssen zusammenstimmen. Wo das beste Verhältnis ist, hängt wiederum von der die Steigung der Kurve ab.

5.2   Auflösung bei der AD Wandlung

Wie viele Bit Auflösung braucht der AD-Wandler bei einem Messbereich von 2000 µV, wenn die Abweichung zwischen der analogen Spannung und dem digitalen Wert maximal 250 µV sein soll?

Antwort:

Auflösung in Bit:

1. Punkt = 0 Volt → 3 Bit

Digitalzahl	Spannung in µV
000	0
001	500
010	1000
011	1500
100	2000

1. Punkt = 250 µV → 2 Bit

Digitalzahl	Spannung in µV
00	250
01	750
10	1250
11	1750

5.3 Spannungsstabilisierung

?

Zwei Schaltungen um mit einer Zenerdiode eine stabile Referenzspannung zu erhalten.

Welche Schaltung ist besser? Warum?

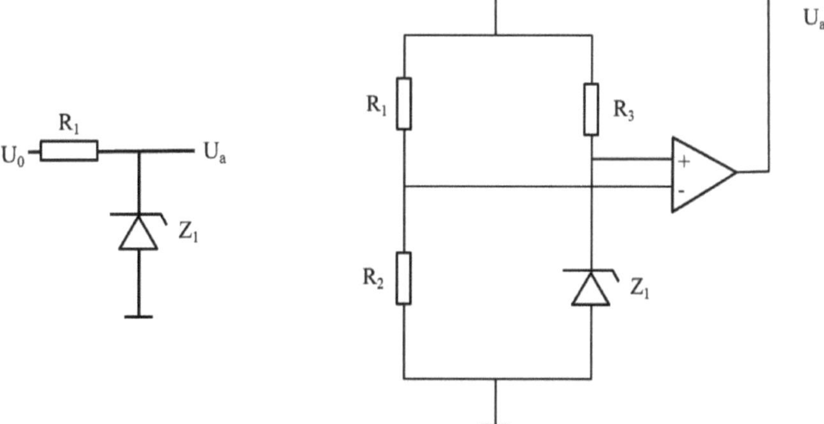

Bild 5.20: Zenerdiode   Bild 2.21: Zenerdiode in OpAmp Schaltung

?   **Antwort:**

Schaltung Bild 5.20 wird bei Änderung der Speisespannung oder des Ausgangsstroms eine kleine Änderung der Ausgangsspannung zeigen, da sich der Arbeitspunkt (Pfeil in Bild 5.22) auf der Kennlinie verschiebt. Die Kennlinie ist steil, aber nicht unendlich steil.

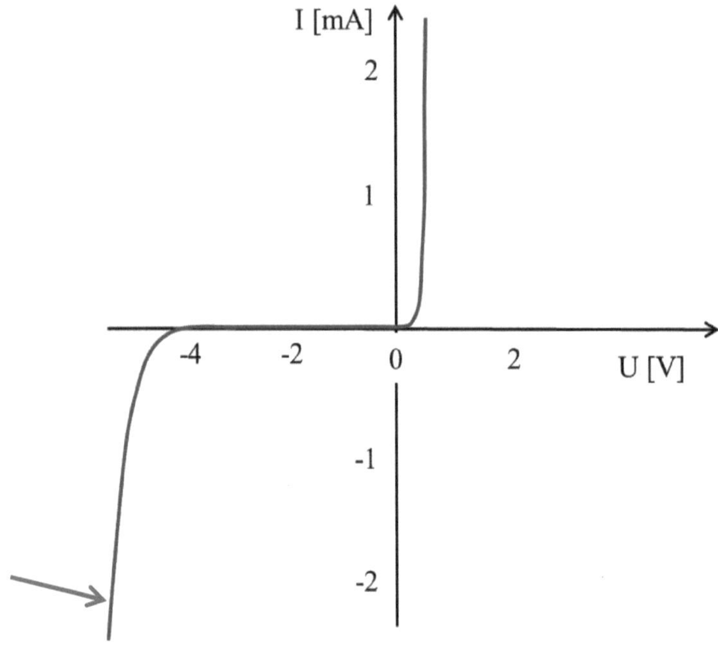

Bild 5.22:
Die Charakteristik einer Zenerdiode Z5,6V

Bei Schaltung Bild 5.21 bleibt der Strom durch die Z-Diode unverändert. Der Ausgangsstrom wird durch den OpAmp bereitgestellt. Daher ändert sich die Spannung bei Belastung nicht.

5.4 Bandbreite und Auflösung

Nennen Sie Beispiele für den Tradeoff
Bandbreite – Messauflösung aus drei verschiedenen Kapiteln der Messtechnik

Antwort:

- Nyquist – Rauschen: $U_R^2 = 4k_B TR\Delta f$

- RC-Filter: Ein Tiefpass glättet das Signal und reduziert das Rauschen, aber er macht die Messung langsam.

- C- Messung mit astabiler Kippschaltung und Zähler

Wenn mehr Integer Zahlen gezählt werden ist die Auflösung besser.
Frequenz des Multivibrators bei 500 kHz
Bandbreite 10 kHz: 50 oder 51 Signale? Also ist die Auflösung auf 2% begrenzt.

- A/D-Wandung mit Rampenwandler:

Je mehr Punkte auf der Zeitachse gemessen werden, desto genauer kann die Auflösung sein. Angenommen, man wartet nur 100 Zeittakte, dann kann man nur unterscheiden ob es 99 oder 100 Punkte waren, also kann man nicht besser als 1% auflösen.

- Lock-In Verfahren

Ein enger Tiefpass am Ausgang macht das gemessene Frequenzband schmal und reduziert so das Rauschen. Andererseits reduziert ein enger Tiefpass natürlich die Bandbreite.

?   5.5   Stromkostenmessgerät

In einem Haushalt gibt es viele Geräte, die eine kleine Standby-Leistung verbrauchen, zwischen 2 W (Ladeschale Telefon) und 10 W (HiFi-Anlage), siehe http://www.energiesparen-im-haushalt.de/energie/tipps-zum-energiesparen/strom-sparen-im-haushalt/stromverbrauch-standby.html .
Es gibt dafür eigene Messgeräte. Wieviel Bit sollte so ein Messgerät auflösen, wenn ich 2 W erkennen will?

Ich habe Angebote verglichen und finde folgende Angaben:

0,2 W – 3600 W
10 W - 3600 W
0,2 W – 3600 W
1 mA – 16 A
1 W – 3600 W
20 mA – 16 A

Welche Geräte sind brauchbar?

Antwort:
Stromkreise im Haushalt sind auf 16 A abgesichert, also muss der Messbereich 16 A bzw. 3600 W sein.
3600 W / 2 W = 1800, also müssen mindestens 11 Bit = 2048 Scgritte aufgelöst werden.
Die Stromauflösung muss mindestens 10 mA sein, um bei 220 V eine Leistung von 2 W zu sehen.

0,2 W – 3600 W	15	Bit	ok
10 W-3600 W	9	Bit	nein
0,2 W – 3600 W	15	Bit	ok
1 mA – 16 A	14	Bit	ok
1 W – 3600 W	12	Bit	ok
20 mA – 16 A	8	Bit	nein

5.6 Kodieren wie die Natur

Die folgende Schaltung wandelt Spannung – aber in was?
Zeichnen Sie das Ausgangssignal für zwei Spannungen.

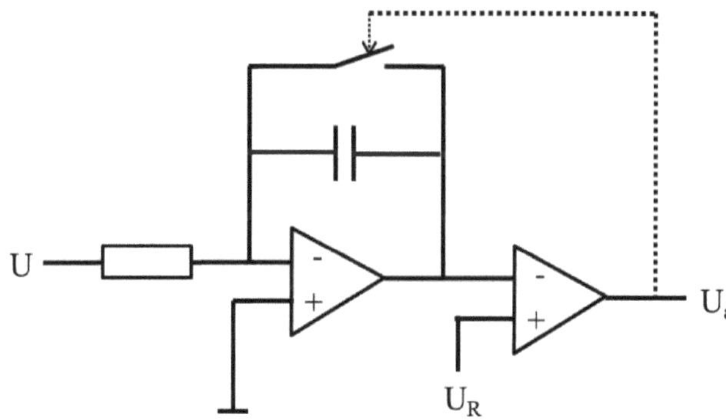

Bild 5.23: Eine Wandlerschaltung. Sie wandelt Spannung – in was?

? Antwort:

Es ist ein Spannungs-Frequenz-Umsetzer.

Die Eingangsspannung U wird im 1. OpAmp integriert. Der 2. OpAmp arbeitet als Komparator. Wenn die integrierte Spannung die Referenzspannung U_R erreicht, dann schaltet der Komparator. Daraufhin wird die Kapazität entladen und der Integrator zurückgesetzt. Der Komparator schaltet sofort zurück und der Vorgang beginnt von vorne.
Es ist noch sinnvoll, an den Ausgang einen monostabilen Vibrator (Monoflop) zu schalten, der von den kurzen Impulsen des Komparators gesteuert wird und daraus jeweils einen Rechteckpuls von definierter Höhe und Pulslänge macht.

Am Ausgang finden wir eine Folge kurzer Spikes. Bei höherer Eingangsspannung ist die Referenzspannung schneller erreicht, also kommen die Pulse in schnellerer Abfolge. Die Frequenz der Pulse ist proportional zur Eingangsspannung.

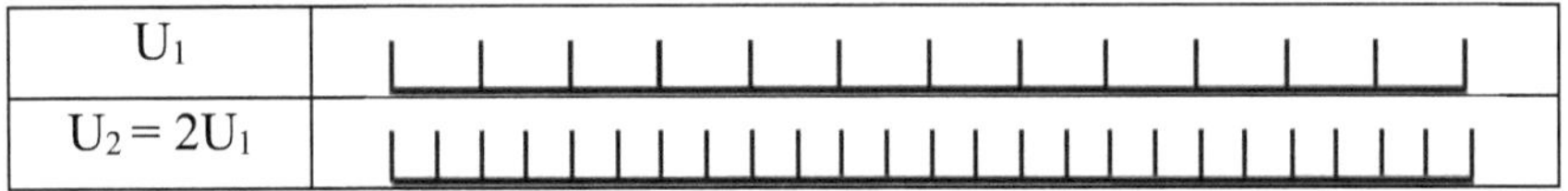

Bild 5.24: Ausgangssignal des Spannung - Frequenzwandlers

Das ist die Methode, mit der Informationen menschlicher Nervenzellen kodiert sind. Eine Nervenzelle gibt kurze elektrische Spikes ab. Ein größeres Signal an der Nervenzelle erzeugt eine schnellere Spikesfolge.
Diese Kodierung wird auch gern eingesetzt, wenn Sensoren nur über Lichtleiter verbunden werden, nicht über elektrische Kabel.

5.7 Spannung, Zeit und Dynamik ?

Ich möchte einen Spannungsverlauf digitalisieren, von dem ich weiß, dass er sinusförmig ist, mit ca. 10 Hz Frequenz und ca. 450 mV Amplitude. Der Quantisierungsfehler soll 1 mV nicht überschreiten.

Ich habe 3 AD-Wandler zur Verfügung:
A) 8 Bit, 1 MHz
B) 12 Bit, 10 kHz
C) 10 Bit, 100 kHz   Welcher ist für die Aufgabe der Beste?

Antwort:
Ich muss die Auflösung und die Dynamik anschauen.
An welcher Stelle der Sinuskurve betrachte ich die Dynamik? Bei 90° ist der Sinus flach, dort entstehen keine Probleme mit der Zeitauflösung. Bei 0° ist er steil, dort wird es gefährlich. Bei 0° kann ich nähern sin(x)=x und finde die Steigung der Kurve:

$$\frac{dU}{dt} = \frac{d}{dt}(2\pi\frac{10}{s} \cdot 0{,}45\ V)t = 28\ \frac{V}{s}$$

In folgender Tabelle lege ich den Messbereich auf +/-500 mV = 1000 mV aus.
Die Spalte dU(τ) zeigt, wieviel sich die Sinusfunktion in der Messzeit τ bewegt.

AD-Wandler	Auf-lösung Bit	Auf-lösung mV	Messrate 1/s	Messzeit τ µs	dU (τ) mV	
A	8	4	1.000.000	1	0,028	Zu ungenau
B	12	0,25	10.000	100	2,8	Zu langsam
C	10	1	100.000	10	0,28	ok

A) Die Auflösung reicht nicht, kann man sofort ausschließen.
B) Die Auflösung ist besser als nötig, aber der AD-Wandler ist zu langsam. Bis er den zweiten Messpunkt holt, ist die Funktion schon weggelaufen.
C) Funktioniert. Die Spannungsauflösung ist ausreichend, und die Zeitauflösung auch.

? **5.8 Undersampling**

Bei einem Beschleunigungssensor wie in Bild 4.18 ist die Bandbreite der Beschleunigungsmessung 10 kHz. Der Differentialkondensator wird mit einer Trägerfrequenz von 1 MHz ausgelesen. Das Abtasttheorem sagt uns, dass wir mit mindestens 2 MHz digitalisieren müssen, um Aliasingsignale zu vermeiden. Dann bleibt für die digitale Weiterverarbeitung eines Messpunkts nur eine Zeit von 500 ns, das kann für manchen DSP (Digital Signal Processor) ein Problem werden.
Kann ich mit nur 200 kHz auslesen und trotzdem Aliasingprobleme vermeiden? Wie?

Antwort:
Ja, das geht, sozusagen unter Umgehung des Abtasttheorems. Es geht, weil ich die Trägerfrequenz selbst erzeuge und daher genau kenne. Betrachten Sie noch einmal Bild 5.4, in dem die falsche Rekonstruktion einer Sinusschwingung bei 8,3 Hz eingezeichnet ist. Wenn Sie wissen, dass das Signal bei 91 Hz ist, und dass bei 8,3 Hz kein Signal sein kann, dann können Sie mit diesem Wissen die Amplitude und die Phase der Schwingung korrekt rekonstruieren, auch mit wenigen Abtastpunkten. Das geht aber nur, weil Sie Informationen über das Signal haben. Wie im Leben: wenn man weiß, was man sucht, dann findet man Dinge, die man sonst niemals finden würde. Man nennt dieses Verfahren Unterabtastung (undersampling).

Sie können das Verfahren auch so betrachten, dass die Abtastung die Demodulation des HF-Signals durchführt. Das Aliasingfilter ist dann in die digitale Auswertung am Ende verschoben, bei der Sie eine Schwingung bei 8,3 Hz einfach nicht erlauben.

Beim Beschleunigungssensor bedeutet das, dass man auch mit weniger als 1 MHz abtasten kann, z.B. bei 500 kHz. Zu tief kann man nicht gehen, denn bezogen auf die Messbandbreite von 10 kHz gilt das Abtasttheorem nach wie vor.

Eine weitere interessante Methode ist die synchrone Unterabtastung, wie in Bild 5.25 gezeigt. Man tastet ab, indem man immer an einem Maximum der Trägerfrequenz

misst, aber nicht bei jedem Maximum.[24] Auf diese Weise kann man die einhüllende Kurve rekonstruieren und auch die Amplitudenmodulation auswerten. Allerdings setzt das Verfahren voraus, dass das Sample&Hold Glied zeitlich sehr exakt getaktet wird. Im Beispiel wird nur bei jeder fünften Schwingung abgetastet. So könnte man die gewünschte Reduktion der Abtastrate von 2 MHz (=2-mal pro Schwingung bei 1 MHz) auf 200 kHz realisieren.

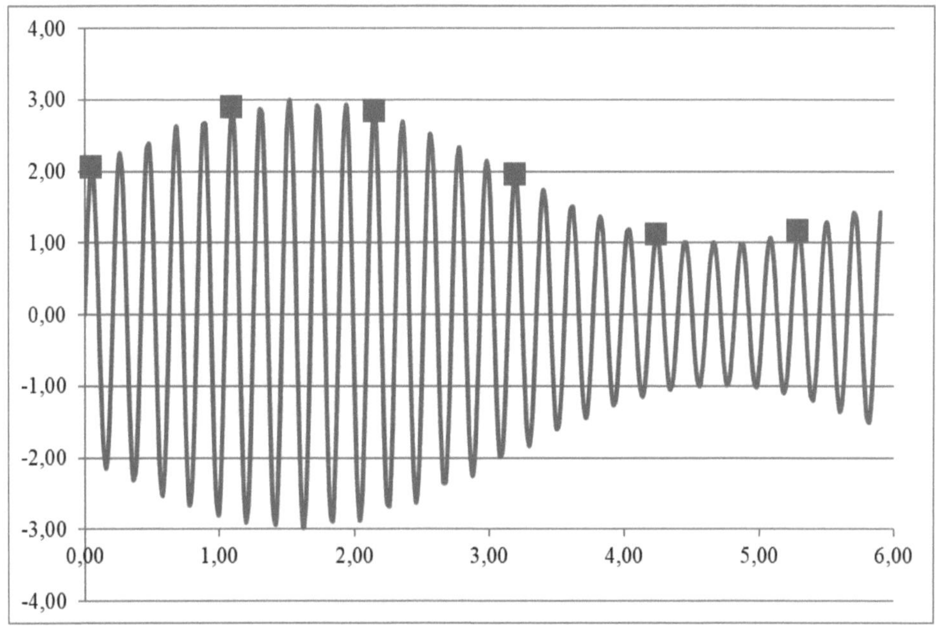

Bild 5.25: Undersampling

---

[24] New Digital Readout Electronics for Capacitive Sensors by the Example of Micro-Machined Gyroscopes. Gaißer, W. Geiger, T. Link, J. Merz, S. Steigmajer, A. Hauser, H. Sandmaier, W. Lang. Sensors and Actuators A 97-98 (2002) 557-562

5.9　Kann das Rauschen auch einmal nützlich sein?　

Die letzte Frage betrifft wieder das Rauschen.

Ist es möglich, dass Rauschen auch einmal die Auflösung verbessert?

Unser Gedankenexperiment: Wir messen eine Spannung von ca. $U = 100$ mV mit einem AD-Wandler, der 1mV auflöst und der mit 100 Hz misst.

A) Zunächst gehen wir davon aus, dass die 100 V absolut konstant sind.

B) Dann gehen wir davon aus, dass U mit einem Rauschen überlagert ist, so dass eine Standardabweichung von $\sigma_U = 1$ mV vorliegt.

Gibt es eine Konstellation, bei der sich durch das Rauschen die Messung verbessert?

Antwort:

Die suggestive Formulierung der Frage legt es nahe, ja zu sagen. Tatsächlich kann das passieren, und die Situation ist sogar praktisch relevant. Es geht dann, wenn wir aus mehreren Messungen im digitalen Bereich einen Mittelwert bilden. Z.B. mitteln wir über 100 Werte, dann dauert die ganze Messung 1 Sekunde.

Digitalwert	**U=100,0**		**U=100,2**	
	Ohne jedes Rauschen	$\sigma_U = 1$	Ohne jedes Rauschen	$\sigma_U = 1$
97 =96,5-97,5	0	1	0	0
98	0	6	0	4
99	0	24	0	20
100	100	38	100	38
101	0	24	0	28
102	0	6	0	9
103	0	1	0	1
Mittelwert	100,00	100	100,00	100,21
Messfehler	0	0	**0,2**	**0,01**

?

Wenn die Spannung 100,0 mV ist, dann werden wir 100,0 mV messen.
Was passiert, wenn die Spannung 100,2 mV ist?

A) Ohne Rauschen werden wir auch 100,0 mV messen. Wir können nicht besser werden als die Auflösung des Messgeräts. Daher haben wir einen verbleibenden Fehler von 0,2 mV.

B) Jetzt nehmen wir ein Rauschen an. Dadurch streuen die Messwerte um 100, wobei die Werte oberhalb ein wenig häufiger auftreten als die unterhalb. Das kommt daher, dass der analoge Mittelwert mit 100,2 ja oberhalb von 100,0 liegt. Wenn wir jetzt digital mitteln, dann ergibt sich ein Mittelwert von 100,21. Die erste Nachkommastelle stimmt. Wir haben auf diese Weise durch die Mittelung genauer gemessen, als es die Auflösung für einen Einzelwert erlaubt.

Das setzt allerdings zwei Dinge voraus:
1) Die Eingangsspannung darf nicht driften.
2) Die interne Spannungsreferenz im AD-Wandler muss gut sein, besser als für die Auflösung eigentlich zwingend notwendig ist.

Verzeichnis der Abkürzungen

AC	Alternating current = Wechselstrom
AD-Wander	Analog-Digital-Wandler
DA-Wandler	Digital-Analog-Wandler
DC	Direct current = Gleichstrom
DMS	Dehnmessstreifen
EMV	Elektromagnetische Verträglichkeit
LED	Leuchtdiode
Ni1000	Nickel Temperatursensor, Grundwiderstand 1000 Ω
OpAmp	Operationsverstärker (Operational Amplifier)
Pt100	Platin Temperatursensor, Grundwiderstand 100 Ω
UGB	Unity Gain Bandwidth

Stichwortverzeichnis

Über den Autor

Ich wurde 1955 in München geboren, ging dort auch zur Schule und habe an der Universität München Physik studiert. Meine Diplomarbeit 1982 handelte von Ramanspektroskopie an Kristallen mit niedriger Symmetrie. Promoviert habe ich 1986 an der TU München im Fachbereich Maschinenbau mit einer Arbeit über Verbrennungsschwingungen. Mit der Sensorenentwicklung begann ich am Fraunhoferinstitut für Festkörpertechnologie in München; und zwar mit thermischen Infrarotsensoren. Weiter ging es mit Strömungssensoren und Drehratensensoren als Institutsbereichsleiter am Hahn-Schickard-Institut für Mikro- und Informationstechnik in Villingen-Schwenningen. Seit 2003 bin ich an der Universität Bremen Institutsleiter am Institut für Mikrosensoren, –aktoren und –systeme (IMSAS). Die Forschungsprojekte meiner Arbeitsgruppe kreisen um zwei Themen: Im „Intelligenten Container" setzen wir Sensornetze ein, um den Transport von Lebensmitteln zu überwachen und Transportverluste zu verringern. Auf dem Arbeitsgebiet „Sensorintegration" integrieren wir Mikrosensoren in Material, um direkt aus Bauteilen Daten über Betrieb, Belastung und Alterung zu gewinnen. Wir untersuchen Sensorintegration in Faserverbundwerkstoffen, in Metallen und in Dichtungsmaterialien.